AF410755

LEÇONS DE BOTANIQUE.

Grenoble , Imp. de PRUDHOMME.

LEÇONS
DE BOTANIQUE

A L'USAGE

DES JEUNES GENS DES DEUX SEXES

OU

INSTRUCTIONS SUR LE RÈGNE VÉGÉTAL

PRÉSENTÉES A L'ESPRIT ET AU CŒUR

PAR

Mme Bonifas-Guizot.

Ouvrage approprié aux maisons d'éducation et adopté par le conseil
royal de l'instruction publique.

SECONDE ÉDITION.

GRENOBLE

PRUDHOMME, IMP.-LIBRAIRE, RUE LAFAYETTE, 13

PARIS

MÊME MAISON, RUE VIEILLE-BOUCLERIE, 24.

1840.

Préface.

Lorsque j'ai commencé à rédiger ces leçons, je n'avais pas le projet de leur donner autant d'étendue, je n'avais pas surtout l'intention de faire un ouvrage ; je veux donc dire comment j'ai été amenée à les entreprendre et ensuite à les faire imprimer.

Dès ma jeunesse, comme je passais tous les étés à la campagne, j'avais pris un goût particulier pour la botanique, en cueillant et examinant des fleurs sous les soins d'une bonne parente qui me dirigeait dans cette étude. Plus tard, ayant demeuré constamment à la ville, je n'avais pu suivre mon goût et j'avais laissé tout à fait la botanique sans toutefois l'oublier, car je cherchais toujours à me rappeler ce que j'en avais appris.

Il y a quelques années que, par différentes circonstances, je fus appelée à diriger l'éducation de jeunes demoiselles. La pensée de leur faire étudier la botanique se présenta de suite à mon esprit, tant pour leur donner une occupation agréable que pour rendre plus intéressantes les promenades champêtres que nous faisions. Mes premières leçons furent données dans les prés ou dans les bois, et mes jeunes élèves prirent le goût le plus vif pour l'herborisation. Il fallut alors leur donner des notions plus détaillées que celles que me fournissait ma mémoire. Je me procurai divers ouvrages pour en choisir un que je pusse mettre entre leurs mains ; je n'en trouvai point comme je l'aurais voulu. Les uns étaient beaucoup trop étendus, les autres ne l'étaient pas assez ; d'autres, qui réunissaient d'ailleurs les avantages désirables, ne me semblaient pas, sous certains rapports importants, dignes d'être mis sous les yeux des jeunes personnes. Enfin, ce qui manquait à tous, c'était de faire considérer la botanique sous le point de vue essentiel que je désirais présenter à mes élèves (1). Je voulais, en leur faisant connaître et admirer l'organisation des fleurs et les intéressants phénomènes que nous offrent les plantes dans leur état de vie, élever plus haut leurs regards et leur montrer la sagesse et la bonté du Créateur empreintes dans ses plus petits ouvrages ; je voulais leur faire faire une étude qui, non-seulement ornât leur esprit, mais qui pût aussi nourrir leur cœur. Je crois que

(1) Je dois excepter *le jeune Botaniste ou Entretiens sur les plantes.* Mon manuscrit était déjà chez l'imprimeur lorsque je vis cet ouvrage annoncé sur les journaux ; je m'empressai de le faire venir, pensant que, s'il remplissait mon but, l'impression du mien devenait inutile. La lecture de ce livre me fit le plus grand plaisir, tant par la manière dont la botanique y est traitée que par les sentiments chrétiens qui y sont exprimés à chaque page ; mais je vis aussi que, n'ayant été fait que pour l'enfance, le mien pouvait avoir de l'utilité pour les jeunes gens plus avancés et qui voulaient étudier d'une manière un peu plus sérieuse ; qu'ainsi, loin de se nuire, ces deux ouvrages devaient se prêter un mutuel appui, et que je ne devais pas renoncer à la publication des *Leçons de botanique.*

c'est la seule manière de rendre les sciences vraiment utiles et intéressantes, en ramenant l'homme à son Dieu. Qu'on ne dise pas que cette pensée peut convenir seulement aux femmes, dont l'âme plus faible et plus aimante sent davantage le besoin de la religion et paraît mieux faite pour goûter ces douces jouissances, mais que l'amour de la science suffit aux hommes. Si l'on faisait cette objection, il serait facile de la détruire par d'illustres exemples, on pourrait même citer des païens. Il y en a qui ont senti que l'étude des œuvres de Dieu devait ramener à cet Etre suprême ; aussi, Galien, qui faisait un traité sur la structure de la main, disait-il : *Je compose un hymne à la louange du Créateur.* Et parmi les chrétiens nous citerons entre autres Newton, Pascal, Leibnitz, Bonnet, etc., qui tous ont trouvé dans les sciences qu'ils ont cultivées de nouveaux sujets de louer et de glorifier Dieu.

C'est le besoin de remplir cette importante lacune qui me décida à rédiger moi-même des leçons. Je pris, dans chacun des livres que j'avais, les articles qui me convinrent ; je les réunis selon le cadre particulier que je m'étais tracé. Mon travail avancé, je communiquai le manuscrit à mes jeunes amies qui furent bien contentes et qui se mirent à le copier ; mais cela prenait beaucoup de temps, et plusieurs qui auraient voulu l'avoir en entier furent obligées d'y renoncer. D'autres personnes en ayant eu connaissance voulurent bien me témoigner un désir particulier de le posséder, et me pressèrent de le faire imprimer. Enfin, ce qui m'y a encouragée et décidée, c'est qu'une personne à qui je suis unie de trop près pour que j'en fasse l'éloge a bien voulu relire soigneusement ces leçons, les corriger, et même ajouter aux endroits où j'avais laissé quelques lacunes, en particulier, dans plusieurs des remarques et des applications religieuses.

Au reste, si j'ai consenti à livrer ce travail à l'impression, c'est dans la seule pensée qu'il pourrait être utile à d'autres jeunes personnes, en les engageant à s'occuper d'une étude si digne d'attirer leur attention, et qui peut leur être si profitable, étant ramenée à son véritable but. J'ai tâché d'approprier ces leçons aux maisons d'éducation des deux sexes, et d'y réunir tout ce qui pouvait intéresser le plus dans cette étude, sans décourager par de trop grands détails ceux qui ne veulent pas la pousser bien loin. En un mot, mon but sera atteint si cet ouvrage, tout en donnant une idée suffisante du règne végétal, sert à exciter de plus en plus l'amour de la plus aimable des sciences naturelles, à donner aux jeunes personnes le goût des plaisirs simples et purs, et si j'ai pu en quelque chose faire glorifier Dieu dans ses œuvres.

LEÇONS

DE BOTANIQUE.

INTRODUCTION.

La science de la Botanique, dont nous voulons essayer de vous donner quelques notions, est une de celles que, dans la classification générale, on nomme *expérimentales*, c'est-à-dire fondées sur la connaissance des faits. La Botanique est cette partie de l'histoire naturelle qui traite des plantes ; elle nous apprend à les distinguer les unes des autres par les caractères qui leur sont propres, à rapprocher celles d'entre elles qui ont le plus de rapports communs, à connaître les méthodes établies pour la classification des plantes, à trouver la place qu'elles occupent dans ces classifications, et à déterminer leur nom et leur espèce.

L'étude de la Botanique mérite d'exciter tout notre intérêt ; elle est éminemment utile et se

rattache à plusieurs sciences et arts très-impor-
tants. 1º La médecine : elle apprend à connaître
les propriétés que Dieu a données aux diverses
plantes pour soulager nos maux, soit qu'on
les prenne intérieurement, soit qu'on les applique à l'extérieur ; 2º l'agriculture qu'elle
enrichit de nouvelles espèces, et à laquelle elle
enseigne à tirer le meilleur parti des productions
de la terre en faisant placer chaque végétal de
manière à ce qu'il soit favorisé le plus possible
par le sol et la température ; 3º le commerce :
les plantes, les fruits, les graines fournissent
des branches très-importantes de commerce et
font souvent la richesse d'un pays ; 4º la peinture : les fleurs lui fournissent le type des plus
belles couleurs ; et si leur imitation n'est pas la
partie la plus élevée de l'art, c'est au moins une
des plus attrayantes : un bouquet fidèlement re-
tracé nous fait goûter une partie du plaisir que
nous avons éprouvé en le cueillant. Les plantes
entrent aussi dans la composition des couleurs
employées par le peintre et dans celles que fabrique le teinturier; 5º l'architecture a su, de son
côté, s'enrichir par la contemplation des végétaux : les ornements les plus délicats et les plus
agréables sont des guirlandes de fleurs ou de
feuilles. Et cet ordre corinthien, le plus estimé,
le plus beau de tous, celui qui servait à orner
les temples des plus grands dieux, celui que

nous voyons avec tant de plaisir dans les monuments d'architecture ancienne qui nous restent, comment son inventeur y a-t-il formé cette combinaison qui produit un si bel et si imposant effet ? Une jeune Grecque allait puiser de l'eau; il voit le vase dont elle se servait posé à la renverse sur une touffe d'acanthe: il trouve là ses chapiteaux corinthiens, et, depuis, les feuilles d'acanthe sont devenues les plus beaux ornements de l'architecture.

Les végétaux sont certainement une des parties les plus importantes et les plus aimables de la création; qu'on se figure cette terre sans végétation, sans arbres, sans plantes; ce ne sera plus qu'un désert aride, non-seulement privé d'agrément, mais encore ne pouvant convenir à ses habitants, qui expireraient tous dans ces contrées stériles. Aussi la Sagesse éternelle commence-t-elle par embellir cette terre avant d'y placer des habitants. Dès le troisième jour de la création, Dieu dit : *Que la terre pousse son jet , de l'herbe portant de la semence, et des arbres fruitiers portant du fruit selon leur espèce, qui aient leur semence en eux-mêmes sur la terre ; et il en fut ainsi. La terre donc produisit son jet, savoir , de l'herbe portant de la semence selon son espèce, et des arbres portant du fruit, qui avaient leur semence en eux-mêmes, selon leur espèce ; et Dieu vit que cela était bon* (Gen. ch. 1,

℣. 11 , 12). Oui , cela était bon ; bon pour l'utilité de l'homme et des animaux qui trouvent de quoi se nourrir dans ces productions ; bon pour nos plaisirs, car Dieu s'est plu à semer les fleurs avec profusion dans les champs , dans les prairies, dans les bois, sur les montagnes ; partout elles font la parure de la nature et lui donnent de la vie ; partout l'œil aime à les retrouver et à les contempler. Dieu s'est plu aussi à les mettre en rapport avec tous nos sens pour leur procurer d'agréables jouissances.—Pour les yeux, quelle variété de formes et de couleurs ! Les orchis nous présentent leurs élégants épis dont les fleurs sont nuancées depuis le lilas jusqu'à l'incarnat le plus foncé : on dirait un velours sorti des mains du plus habile ouvrier ; à côté nous voyons les houppes blanches et si bien découpées des viornes et des cornouillers ; dans les bois, le chèvrefeuille odorant, l'ancolie, dont la plante élevée , les feuilles découpées et d'un beau vert sont surmontées de fleurs bleues dont la tête retombe avec tant de grâce. Enfin, si nous voulions énumérer tous les charmes que les fleurs présentent à nos yeux , nous ne finirions pas ; c'est dans les champs qu'il faut faire cette étude, ici nous ne pouvons qu'indiquer. — Pour l'odorat, beaucoup d'entre elles exhalent des parfums doux et suaves : chez les unes, ils sont si forts qu'ils embaument l'air

qu'on respire à la campagne ; celles-ci ne pourraient sans danger être renfermées dans nos
demeures ; mais il en est d'autres dont les
parfums plus doux sont inaperçus en plein air,
et qui, en bouquet ou dans les vases qui ornent
nos cheminées, nous donnent une douce odeur
dont nous n'avons rien à craindre.—Pour le goût,
elles renferment dans leur calice une liqueur sucrée d'une délicieuse saveur ; c'est là que l'in-
dustrieuse abeille va puiser la matière de son
miel, qui fournit à l'homme une nourriture si
douce et si agréable.—Pour le toucher, aucune étoffe, aucun velours n'égale la douceur
et la délicatesse de ces beaux pétales, lorsque
nous les pressons entre nos doigts. — Enfin,
l'oreille elle-même est agréablement flattée du
bruit léger du vent qui fait entendre un doux fré-
missement entre les rameaux des arbres balancés
par son souffle, murmure plus doux encore que
celui des ruisseaux, et qui néanmoins donne de
la vie à la nature, et invite à la rêverie celui
qui l'écoute.

Quelle étude pourrait être plus aimable et
plus attrayante, surtout pour de jeunes demoiselles ? Ne semble-t-il pas qu'elle soit faite pour
elles d'une manière toute particulière ? N'y a-t-il
pas une analogie sensible entre la jeunesse et
ces fleurs si brillantes, et ne pourrait-on pas
aussi tirer d'utiles leçons de ces fleurs si vite

fanées ? ce qui souvent, hélas ! est une analogie de plus.

Ce qui détourne, en général, les femmes d'une étude si bien faite pour elles, c'est la manière dont on l'enseigne. On vous met des livres entre les mains, on vous étale une longue nomenclature hérissée de mots grecs et latins, et l'on n'a bientôt que du dégoût pour ce qui ne devrait donner que du plaisir. Avec une autre méthode, on aura des résultats différents ; au lieu de prendre des livres, allez dans les champs; cueillez les fleurs qui se présentent en foule sur vos pas; examinez-en une avec soin : une seule plante bien analysée, bien connue dans toutes ses parties, suffit pour donner une idée de cette science. Vous passerez ensuite à l'examen d'une seconde plante : il ne suffira pas seulement de la connaître, il faudra la comparer avec l'autre, noter ce qu'elles ont de commun, et saisir les différences. Ces premières observations donneront le désir d'en examiner une troisième, une quatrième, et l'on arrivera ainsi, par une route facile et agréable, à connaître les éléments d'une science dont on s'était d'abord effrayé.

Cette étude donne aux promenades un charme toujours nouveau : on observe, et ce qu'avant on foulait aux pieds sans attention devient une source de plaisirs et de jouissances. Je n'en veux pour preuve que ces jeunes personnes répandues dans cette prairie ; quelle joie vive et innocente lorsqu'une nouvelle fleur se présente à leurs yeux ! comme elles s'empressent de la cueillir ! Les plus petites, celles qui se cachent sous l'herbe ou dans les buissons, n'échappent pas à leur active recherche et les dédommagent de leur peine par leur curieuse structure, leurs couleurs et leurs formes variées. Ces fleurs, séchées et conservées dans un herbier, serviront encore aux plaisirs des longues soirées d'hiver, pendant lesquelles on les examinera de nouveau, et l'on fixera ainsi dans sa mémoire leurs noms et leurs propriétés.

Les âmes douces et aimantes éprouvent un attrait particulier pour l'étude des plantes ; en effet, on a vu de tout temps les fleurs servir de symboles et d'interprètes aux sentiments les plus délicats, et c'est encore avec des bouquets ou des guirlandes que nous fêtons les époques les plus heureuses de notre vie. Dès l'enfance, ce goût se montre : on voit le jeune enfant désireux des fleurs les préférer souvent à ses jouets. Ce goût se développe dans la jeunesse et ne s'éteint pas dans l'âge mûr, il se fortifie au contraire de toute la douceur des souvenirs : ces fleurs qui ont embelli les alentours de la maison paternelle, que nous avons trouvées dans nos premières promenades, que des parents

chéris nous ont appris à connaître , nous ne
saurions les oublier, nous ne saurions rester
indifférents lorsque nous les rencontrons ; leur
aspect nous émeut , nous rappelle le sol natal,
le bonheur que nous y avons goûté, nos premières et si douces affections, et nous concevons ce
sentiment qui fit embrasser au jeune Potaveri
un arbre de son pays , et qui put faire perdre à
Rousseau l'usage de ses sens à la vue d'une
simple pervenche.

Mais une plus vaste carrière est ouverte à
celui qui veut explorer à fond la Botanique : il
peut parcourir le globe, et , par ses conquêtes
pacifiques, contribuer au bonheur de son pays
sans qu'il en coûte rien aux autres peuples.
C'est ainsi que le plus bel ornement du triomphe
de Lucullus était un cerisier qu'il rapportait du
Pont ; ainsi le savant Parmentier s'est acquis
des titres éternels à la reconnaissance de sa patrie en y faisant connaître et en y introduisant la
pomme de terre, d'un usage si général, et qui déjà
a préservé plusieurs fois la classe indigente du
fléau de la famine. Dans plusieurs endroits, la
Provence, couverte d'arides rochers , ne fournissait aucune récolte ; on y a introduit le câ-
prier, qui se plaît dans les fentes des pierres ,
et cet arbuste grimpant a tapissé ces rochers
d'une riche verdure, et a enrichi les habitants
de ces contrées.

Toutes ces considérations sont bien propres à nous inviter à l'étude de la Botanique, qui nous offre tant d'agrément et d'utilité ; mais, si nous voulons qu'elle soit pour nous ce qu'elle doit être, faisons-la en vue de Dieu, rapportons-la à Dieu. Dans la contemplation des astres, de leur ordre, de leur harmonie, nous admirons la grandeur et la sagesse du Créateur, nous sommes étonnés et confondus à la pensée de ces mondes sans nombre. La considération d'une fleur ne nous fait pas d'abord éprouver cette surprise; mais, si nous l'examinons de près, nous aurons aussi lieu de reconnaître que *sa puissance éternelle et sa divinité se voient comme à l'œil par la création du monde, étant considérées dans ses ouvrages* (Rom. 1, 20). Le spectacle des astres nous montre la puissance de Dieu dans toute son étendue ; l'aspect d'une fleur, de ses diverses parties, de sa fructification, nous fait voir une providence paternelle, qui ne néglige aucun soin, qui s'étend à tout, qui a mis autant d'ordre et d'harmonie dans les choses les plus petites, celles même qui échappent à nos yeux, que dans les grands corps qui peuplent l'espace. Cette pensée que Dieu s'occupe ainsi des plus petits détails n'est-elle pas bien douce pour nous ? Ne devons-nous pas être remplis de joie en trouvant ainsi le Dieu de la nature veillant à tout et pourvoyant à tout, et n'éprouverons-nous pas un bonheur ineffable en pensant que ce Dieu, qui *revêt le lis des champs*, veille aussi sur nous qui sommes bien plus précieux à ses yeux ; *qu'il a compté les cheveux de notre tête, et que pas un ne tombe sans sa permission ?*

Une chose qui nous frappe aussi, en étudiant la nature, c'est cette jeunesse éternelle des œuvres de Dieu. Le temps, en passant sur les ouvrages des hommes, les détruit; les monuments les plus beaux, les plus solides ne sont bientôt que des ruines et finissent par n'être que de la poussière; on ignore jusqu'à la place de villes autrefois célèbres, et les plus petites plantes sorties des mains du Créateur, à la naissance du monde, se sont perpétuées jusqu'à nous et se perpétueront encore. Cette pensée de l'instabilité et de la fragilité des choses humaines est décourageante et mélancolique, c'est avec une impression de tristesse pénible que nous contemplons les ravages du temps et que nous les sentons en nous ; mais si, au lieu de tenir nos regards abaissés sur la terre et de nous appuyer sur l'homme, nous les fixons sur les œuvres du Dieu fort et nous le prenons pour appui, nous verrons qu'il sait conserver pendant une durée incalculable les productions les plus délicates en apparence, et nous apprendrons que nous, créatures faibles et mortelles, nous sommes appelés à aller jouir, dans son sein, d'une glorieuse immortalité. Ainsi

notre tristesse sera changée en joie, et nous pourrons dire avec l'apôtre : *Lorsque je suis faible,
c'est alors que je suis fort.*

C'est donc, avant tout, dans le but d'admirer Dieu dans la contemplation de ses œuvres, que nous allons nous occuper de l'étude des fleurs. — Il faut, comme nous l'avons dit, prendre ses premières leçons dans les champs ; mais ensuite il faut connaître les mots usités et les classifications, travail qui ne rebutera pas lorsque ces mots rappelleront des choses qu'on a déjà étudiées dans la nature, travail qui, d'ailleurs, ne demande qu'un peu d'attention et de mémoire. Nous diviserons donc en quatre parties ces notions sur la Botanique. Dans la première, nous donnerons une idée générale de la structure des plantes et de leurs diverses parties : c'est ce qu'on appelle l'*anatomie végétale*. Dans la seconde, nous ferons connaître les phénomènes que présentent ces mêmes parties dans leurs fonctions vitales : c'est ce qu'on nomme *physiologie* ou *physique végétale*. Dans la troisième partie, nous exposerons d'une manière succincte les trois principaux systèmes suivis par les botanistes pour la classification des plantes, connaissance qu'on nomme *taxonomie*. Enfin, dans une quatrième partie, nous donnerons la description de quelques végétaux, tant pour mieux faire comprendre les classifications que pour faire connaître quelques-unes des plantes les plus intéressantes. Ces leçons suffiront pour donner une idée générale de cette aimable science ; on pourra ensuite l'étudier dans des livres avec plus de détail et de profondeur.

PREMIÈRE PARTIE.

ANATOMIE VÉGÉTALE.

Cette première partie comprend l'*anatomie végétale*, qui détermine la forme et la position des organes, et en déduit des caractères pour les distinguer.

Les animaux croissent, vivent et sentent ; les végétaux croissent et vivent seulement. Ils sont donc doués de deux sortes d'organes, les uns *conservateurs*, les autres *reproducteurs*. Les premiers sont : *la racine, la tige, les feuilles, les supports ;* les seconds, *les fleurs* et *le fruit.*

§ 1er. — ORGANES CONSERVATEURS.

DE LA RACINE.

Le corps de tous les végétaux, un petit nombre excepté, se divise en deux parties bien distinctes :

l'une s'élève dans l'atmosphère, et forme la tige ou la plante aérienne ; l'autre s'enfonce dans la terre, et forme la *racine* ou la plante souterraine. On doit considérer comme *racines* toute portion du végétal qui se trouve au-dessous du point de séparation de ces deux parties; ce point de départ a été nommé *collet de la racine*, ou mieux, *nœud vital*. Toutes les plantes ont des racines ou des organes qui les remplacent. Les plantes parasites, telles que le gui, la cuscute, ont des suçoirs au moyen desquels ils se cramponnent sur les plantes voisines, et y pompent leur nourriture.

Tandis que les feuilles, élégamment suspendues aux branches, remplissent avec éclat leurs fonctions d'organes alimentaires, et forment une des plus belles parures de la nature, les racines cachées dans la terre remplissent modestement des fonctions non moins importantes ; c'est ainsi que le Créateur pense à notre plaisir en embellissant tout ce qui doit être exposé à nos regards, au lieu qu'il semble avoir refusé la beauté des formes à ce qui est caché à nos yeux. En effet, quelle différence entre la tête élégante d'un arbuste vert et fleuri, et les racines qui le fixent dans la terre et lui font pomper les sucs nourriciers qui le vivifient !

Les racines et les tiges, malgré leur grande différence, présentent des rapports lorsqu'on les examine avec attention. Dans les unes comme dans les autres, il existe généralement un tronc principal qui se divise en branches et en rameaux; ils sont chargés, dans les racines, d'une foule de petites ramifications capillaires auxquelles on a donné le nom de *chevelu*. A l'extrémité de chaque chevelu sont des *suçoirs*, au moyen desquels les fluides s'élèvent et pénètrent dans les autres parties du végétal ; tandis que les feuilles sont comme autant de bouches ouvertes qui aspirent dans l'air une partie des principes vivifiants que les racines tirent de la terre.

Les racines ont encore avec les tiges et les branches des rapports très-marqués ; leur grosseur et leur force sont assez généralement relatives à celles des tiges, et leur dépendance est telle que les unes ne peuvent souffrir ou languir sans que les autres n'éprouvent les mêmes accidents. Lorsque les racines sont placées dans des terrains qui s'opposent à leur développement, alors les tiges sont grêles, languissantes et peu rameuses ; et si ces dernières sont mutilées, privées d'air, les racines restent faibles et maigres. Quand on dépouille de ses feuilles une plante herbacée, très-souvent ses racines périssent, preuve indubitable de la communication de leurs sucs nourriciers.

Une autre propriété commune aux racines et aux branches, c'est de produire des boutons.

Ceux des racines ont des formes et des noms différents : ce sont des *nœuds*, des *bulbes*, des *tubérosités*, etc., destinés comme les boutons à produire de nouvelles plantes. Les bulbes se retrouvent aussi sur les tiges, dans l'aisselle des feuilles et même dans les fleurs de plusieurs plantes ; enfin, il est peu de parties des végétaux qui ne produisent des racines, soit naturellement, soit aidées par l'art du cultivateur.

Les racines offrent des formes très-variées, qui ne sont nullement l'effet du hasard ; elles tiennent au but général du Créateur de couvrir de végétaux toutes les parties du globe terrestre. Ainsi les plantes destinées à croître sur les rochers, parmi les pierres, dans les lieux élevés, sont pourvues de racines dures, ligneuses, divisées de manière à ce que leurs ramifications puissent pénétrer à travers les fentes des rochers et s'y cramponner avec une force capable de résister aux ouragans et aux tempêtes. Dans des terres fortes et profondes, les racines droites, pivotantes, peu rameuses, conviennent davantage aux végétaux qui s'y établissent. Cette sorte de racine serait nuisible aux plantes des terres compactes, gazonneuses, peu profondes; alors les racines deviennent traçantes, peu enfoncées, étalées presque à la surface de la terre. Dans les terrains maigres, sablonneux, elles sont épaisses, charnues, tubéreuses ; abondantes en

chevelu dans les sols humides. Ces considérations sont très-importantes pour l'agriculteur
qui veut propager avec succès des plantes de
nature différente, ou choisir celles qui conviennent le mieux à la nature du sol qu'il cultive.

Après avoir fait remarquer les rapports qui
existent entre les racines et les tiges, nous indi-
querons trois différences : 1° les racines ne
prennent jamais la couleur verte des tiges et
des feuilles, même lorsqu'elles sont à l'air
exposées à la lumière ; 2° le suc propre des
tiges est très-souvent autre que celui des racines ; leurs propriétés sont aussi très-différentes :
on connaît la racine purgative du jalap, la
racine sucrée de la betterave et de la carotte,
l'âcreté de celle de la bryone, qui ne se trouvent point dans les autres parties de ces plantes;
3° dans les racines, le tissu cellulaire forme
autour de leurs ramifications une couche épaisse
et serrée ; dans les feuilles il est étendu entre
les nervures et les veines, où il prend le nom
de *parenchyme*.

Après avoir donné une idée générale des
racines et de leurs fonctions, nous allons faire
connaître les différents noms qu'on leur a donnés d'après leurs diverses formes.

La racine offre trois parties distinctes : 1° le
collet ou nœud vital, partie supérieure, ordinairement placée un peu au-dessus du sol, et d'où

s'élève la tige ; 2° le corps de la racine, partie inférieure au collet, réservoir des sucs pompés ; 3° les radicules fibrines ou le chevelu, réunion de petites fibres fort déliées, tubes absorbants ou suçoirs de la racine.

Dans la racine on considère la durée, la forme, la direction.

1° Sous le rapport de la durée, la racine est dite :

Annuelle (représentée par ce signe ⨀), quand elle naît et périt dans l'espace d'une année. Tels sont le froment, l'avoine ;

Bisannuelle (②), quand elle vit deux ans (l'oignon, la carotte);

Vivace (♃), quand sa durée est longue et indéterminée (le serpolet, la lavande). Si la plante vivace est ligneuse, c'est-à-dire arbre, arbrisseau ou sous-arbrisseau, on indique par un signe particulier qu'elle peut vivre très-longtemps. Le signe adopté est celui de la planète Saturne (♄), qui met environ trente ans à faire sa révolution autour du soleil.

2° Sous celui de la forme, la racine est dite :

Fusiforme (pl. I, fig. 1), lorsqu'elle est épaisse, allongée et diminuant insensiblement en forme de fuseau (la carotte);

Rameuse (pl. I, fig. 2), lorsqu'elle se divise en plusieurs branches latérales (les arbres et les arbrisseaux);

Fibreuse (pl. I, fig. 3), lorsque les branches sont minces et nombreuses (les graminées);

Chevelue ou *capillaire*, lorsqu'elle est composée de filets très-déliés, fins comme des cheveux;

Articulée, quand elle a, de distance en distance, des impressions qui ressemblent à des articulations (la gratiole officinale);

Noueuse (pl. I, fig. 4), lorsque les fibres se renflent çà et là en nœuds imitant des grains de chapelet (la spirée filipendule);

Fasciculée ou *en faisceau* (pl. I, fig. 5), lorsque du collet partent plusieurs parties allongées et charnues, formant par leur rapprochement une espèce de faisceau (l'asphodèle rameux);

Grumeleuse, lorsque du collet partent plusieurs parties très-divisées, comme dans les griffes de renoncule et d'anémone;

Tuberculeuse ou *tubéreuse* (pl. I, fig. 6), lorsqu'elle est composée d'un ou de plusieurs corps épais, solides, charnus, d'où naissent, par des cicatricules nommées *yeux*, d'autres petites racines grenues, égalant bientôt en volume la racine principale. Tels sont la pomme de terre, l'orchis à larges feuilles, l'orchis militaire. La racine des orchis émet chaque année latéralement un nouveau tubercule (pl. I, fig. 7), produisant une tige au printemps suivant, à une petite distance de l'ancienne qui a disparu pendant l'hiver. Le tubercule qui a nourri celle-ci n'est plus, au

printemps suivant, qu'une masse flétrie et desséchée. Les tubercules de l'orchis à larges feuilles
sont dits *palmés*.

Enfin on nomme *bulbeuse* ou *bulbifère* (pl. I,
fig. 8, 9, 10) la racine composée d'un tubercule
mince, élargi en plateau, dont la surface inférieure produit des filets radicaux, et dont la supérieure porte une bulbe formée d'écailles succulentes plus ou moins serrées, recouverte d'une
ou de plusieurs enveloppes contenant les rudiments des feuilles et des fleurs ; c'est pour cela
qu'on doit plutôt l'assimiler en partie aux tiges ,
et en partie aux boutons, rudiments des nouvelles
pousses.

La bulbe est dite :

Tubéreuse (pl. I, fig. 8), lorsqu'elle est homo-
gène dans son intérieur et sans couches ou
écailles distinctes. Tel est le glaïeul commun ;

Solide, quand elle est tout à fait pleine à l'intérieur (corydale à bulbe solide) ;

Creuse, quand elle offre un espace vide à l'intérieur (corydale à bulbe creuse) ;

Écailleuse (pl. I, fig. 9), lorsqu'elle est composée d'écailles étroites, imbriquées ou se recou-
vrant mutuellement comme les tuiles d'un toit
(les lis blancs) ;

Tuniquée, lorsqu'elle est composée de tuniques
charnues s'enveloppant mutuellement et en
entier (l'oignon) ;

Composée (pl. I, fig. 10), lorsqu'elle est formée par la réunion de plusieurs caïeux (l'ail cultivé).

Les bulbes peuvent aussi être allongées ou cylindriques.

Il arrive dans plusieurs graminées que la partie du chaume comprise entre les deux nœuds inférieurs se renfle et se raccourcit, de sorte qu'étant recouverte par les gaines des feuilles, elle imite une véritable bulbe.

Les *bulbilles* sont de petites bulbes solides ou écailleuses, qui naissent sur différentes parties de la plante, se détachent à la maturité, et s'enracinent. La dentaire bulbifère porte des bulbilles à l'aisselle des feuilles.

3° Sous le rapport de la direction, la racine est dite :

Traçante ou *rampante* (pl. I, fig. 11 et 12), lorsqu'elle s'enfonce peu et se prolonge parallèlement à la surface du sol, en poussant çà et là de nouvelles fibres ;

Horizontale (pl. I, fig. 12), lorsque, sans s'étendre beaucoup, elle est parallèle à l'horizon (l'iris) ;

Pivotante (pl. I, fig. 1), lorsqu'elle s'enfonce perpendiculairement à l'horizon (la carotte et presque toutes les plantes fortes). La racine d'une plante annuelle n'est jamais pivotante.

DE LA TIGE.

La tige est cette partie de la plante qui sort du collet de la racine, se dirige dans l'air, produit et soutient les branches, les rameaux, les feuilles et les fleurs ; c'est par elle que leur arrivent les sucs nourriciers puisés par les racines dans le sein de la terre ; c'est par elle que chaque partie est placée dans la situation qui convient le mieux à sa constitution.

Si les plantes ont besoin d'un air vif, leur cime est portée jusque dans les nues par un tronc droit et robuste. Exigent-elles un air plus humide, leur tige s'élève peu ou se courbe vers la terre. D'autres plantes destinées à ramper ou à se glisser sous les broussailles sont pourvues de tiges longues, flexibles, traînantes, toujours attachées au sol qui les nourrit. Ainsi, dans tous ses ouvrages, le Créateur nous montre sa sagesse, et ne perd jamais de vue le but qu'il s'est proposé. Il cherche aussi ce qui flatte notre œil : les tiges ont un port particulier qui n'est presque jamais sans élégance. Les unes, fières de leurs forces, bravent l'impétuosité des tempêtes ; d'autres semblent céder par leur souplesse, elles se courbent, mais pour se relever victorieuses.

Toutes les plantes ont une tige plus ou moins apparente ; quelquefois elle est tellement rabougrie qu'elle parait nulle (la jacinthe) ; alors le support des fleurs se nomme *hampe*. La hampe nait du collet de la racine.

Dans la tige on considère la consistance , la forme, la composition, la direction, les accessoires, la surface.

1º Sous le rapport de la consistance, la tige est dite :

Ligneuse, comme dans les arbres ou arbrisseaux ; on l'appelle aussi le *tronc* ;

Demi-ligneuse ou *sous-ligneuse*, comme dans les sous-arbrisseaux. La base dure assez longtemps, et les rameaux ou les sommités périssent tous les ans (la morelle douce-amère) ;

Herbacée, lorsqu'elle est tendre, peu élevée, et périt d'ordinaire aux premiers froids. Les plantes à tiges herbacées se nomment herbes ;

Solide, lorsqu'elle est tout à fait pleine (l'orchis taché) ;

Fistuleuse, lorsqu'elle est creuse à l'intérieur (l'orchis à larges feuilles, l'oignon, la plupart des graminées) ;

Charnue (la joubarbe) ;

Articulée, lorsqu'elle est formée de portions réunies bout à bout avec ou sans nœuds, se séparant facilement, surtout dans leur vieillesse ;

Noueuse, lorsqu'elle offre de distance en distance des nœuds solides, plus ou moins renflés, difficiles à rompre (les graminées).

2.

2° Sous le rapport de la forme, la tige est *cylindrique*, *triangulaire* ou *trigone*, *carrée*, *quadrangulaire* ou *tétragone*, *anguleuse*, selon que la coupe transversale représente un cercle, un triangle, un carré, un quadrilatère, un polygone, etc. On la dit encore :

Comprimée, lorsqu'elle est aplatie dans sa longueur (le paturin comprimé) ;

A deux tranchants, lorsqu'elle est tellement comprimée que les deux angles sont tranchants (la perce-neige) ;

Grêle, lorsqu'elle est très-longue en comparaison de sa grosseur ;

Filiforme ou *capillaire*, lorsqu'elle est fine comme un fil ou un cheveu.

3° Sous le rapport de la composition, la tige est dite :

Très-simple, lorsqu'elle s'étend d'un seul jet, et sans la moindre ramification, de la base au sommet (les orchis) ;

Simple, lorsqu'elle se divise à peine au sommet;

Rameuse, lorsqu'elle se divise en branches et en rameaux ;

Fourchue, lorsqu'elle se divise au sommet en deux branches simples ;

Dichotome ou *plusieurs fois bifurquée*, lorsqu'elle se divise en deux branches, qui sont elles-mêmes une ou plusieurs fois divisées en deux (la mâche) ;

Effilée, lorsqu'elle est longue, grêle, amincie au sommet, ou divisée en rameaux grêles et serrés en faisceaux (l'osier);

Gazonnante, lorsque, par la réunion de plusieurs tiges courtes et feuillées, elle forme le *gazon*.

On nomme *aisselle* le point où les branches sont insérées sur la tige, les rameaux sur les branches, les feuilles sur les rameaux.

4° Sous le rapport de la direction, la tige est dite :

Dressée ou *verticale*, lorsqu'elle est perpendiculaire à l'horizon ;

Droite, lorsqu'elle est sans courbure ni flexion dans toute sa longueur ;

Raide, lorsqu'elle se relève tout à fait avec une sorte d'élasticité, toutes les fois qu'on la courbe ;

Oblique, lorsqu'elle s'élève obliquement à l'horizon ;

Redressée, lorsqu'étant d'abord un peu couchée ou oblique à la base elle se redresse presque tout à coup en s'élevant ;

Ascendante, lorsqu'étant d'abord couchée à la base elle se recourbe en se rapprochant graduellement de la direction verticale ;

Inclinée, *courbée* ou *penchée*, lorsqu'étant d'abord dressée ou un peu oblique elle s'incline, se courbe ou se penche au sommet ;

Couchée ou *étalée*, lorsque les tiges ou les rameaux s'étendent sur la terre sans y pousser des racines (le mouron);

Diffuse, lorsque les rameaux ont une direction horizontale;

Tombante, lorsqu'étant d'abord un peu dressée elle retombe par faiblesse;

Rampante, lorsqu'étant couchée elle s'attache à la terre par des racines plus ou moins nombreuses qu'elle pousse çà et là (le lierre terrestre, la nummulaire);

Stolonifère ou *traçante*, lorsque le collet de là racine émet des jets qui s'enracinent et produisent des fleurs (le fraisier, la violette);

Flexueuse, lorsqu'elle se déjette d'un nœud à l'autre en formant des zigzags;

Genouillée, lorsqu'elle est fléchie à chaque nœud en forme de jarret plié;

Grimpante, quand elle se sert, pour s'attacher aux corps voisins, de vrilles ou de crampons (le lierre, le pois). Si elle s'y attache au moyen des racines, on la dit *radicante*. Ce terme s'emploie aussi pour les tiges poussant des racines qui restent hors de terre;

Sarmenteuse, lorsqu'étant longue et faible elle s'entortille sur les corps voisins, et s'y soutient sans vrilles, ni crampons, ni racines; si elle se roule en spirale, on la dit *volubile* (le liseron).

5° Sous le rapport des accessoires, on dit que la tige est *feuillée*, *épineuse*, *aiguillonnée*, *écailleuse*, *ailée*, lorsqu'elle porte des feuilles, des épines, des aiguillons, des écailles ou des ailes saillantes (le genet à tige ailée). On dit, au contraire, qu'elle est *nue* ou *presque nue*, selon qu'elle est dépourvue en totalité ou en grande partie de ses accessoires, ce qui s'entend principalement des feuilles dans les descriptions des plantes.

6° Sous le rapport de la surface, on dit que la tige est :

Glabre, lorsqu'elle n'a pas de poils (la grande pervenche) ;

Lisse, lorsqu'elle est unie et n'offre aucune aspérité (le pavot);

Pulvérulente ou *poudreuse,* lorsqu'elle est couverte de poussière produite par la plante (la molène poudreuse);

Glauque, lorsque la poussière est fine et couleur vert-de-mer ou un peu bleuâtre (le pigamon mineur);

Tachetée ou *ponctuée,* lorsqu'elle est parsemée de taches ou de points colorés (la ciguë, le cerfeuil);

Striée, lorsqu'elle est relevée de petites côtes longitudinales rapprochées ;

Sillonnée ou *cannelée,* lorsqu'elle est creusée dans sa longueur de sillons ou de cannelures ;

Tuberculeuse, lorsqu'elle est chargée de tubercules saillants ;

Rude ou *âpre*, lorsqu'elle est garnie de points saillants ou crochus, ou de petits poils raides.

Pubescente, lorsqu'elle est garnie de poils mous et courts en forme de duvet (le saule blanc);

Velue, lorsque les poils sont assez longs, mous, rapprochés, plus ou moins couchés ;

Poilue, quand les poils sont un peu écartés, assez fermes, droits et non couchés ;

Hérissée ou *hispide*, lorsque les poils sont raides, plus ou moins écartés, perpendiculaires, ou à peu près, à la surface ;

Soyeuse, quand les poils sont longs, doux et brillants ;

Cotonneuse, lorsque les poils sont courts, serrés, entrecroisés ou ramifiés ;

Laineuse, quand les poils sont longs et crépus.

Lorsqu'on veut exprimer une double modification de la tige, on réunit par un petit trait les deux mots qui l'expriment ; par exemple, *tige pubescente-visqueuse* signifie que la tige est garnie de poils mous et courts en forme de duvet, et que ces poils sont visqueux.

Structure des tiges dicotylédonées (1).

Si l'on coupe en travers une tige ligneuse dico-
tylédonée, on aperçoit six parties distinctes par
leur tissu et leur couleur : l'*épiderme*, le *tissu
cellulaire*, le *liber*, l'*aubier*, le *cœur* et la *moelle*.
Les trois premières constituent ce qu'on nomme
l'écorce ; les trois autres composent le bois.

L'*épiderme* est cette membrane mince, délicate,
presque diaphane, qui forme l'enveloppe apparente de tout le végétal. Il s'enlève facilement sur
le bouleau ; il se fend et tombe tous les ans en
forme de plaques sur les platanes. Le liége est un
épiderme très-épaissi par l'âge.

La couleur et la consistance de l'épiderme ne
sont pas les mêmes dans tous les végétaux, ni
dans toutes les parties du même végétal : il est
blanc et argenté dans le bouleau, jaune dans
l'osier, rouge dans les jeunes tiges du cornouiller sanguin, bleuâtre dans le napel.

Le *tissu cellulaire* est placé immédiatement sous
l'épiderme ; c'est une membrane ordinairement
verte, molle, spongieuse, facile à se régénérer,
et dont la principale fonction est de porter au
printemps la sève vers les bourgeons.

Au-dessous est le *liber*, ou assemblage de filets

(1) Voyez l'explication de ce mot, page 90.

minces et membraneux , qui constituent l'écorce proprement dite , et dont le nombre augmente d'un chaque année. Il servait autrefois à écrire , d'où est venu le nom de *livre*.

Au-dessous du liber est l'*aubier*, corps blanchâtre plus ferme que lui, mais moins dur que le cœur du bois. Dans le tremble et les autres bois blancs, l'aubier est si abondant qu'on distingue à peine le reste de la tige.

Le *cœur* de la tige, ou bois proprement dit, se distingue de toutes les autres parties par sa couleur plus foncée, sa solidité, sa dureté, qui varie cependant selon les espèces. Le bois est composé de couches concentriques dont le nombre augmente avec l'âge, car il se forme chaque année une nouvelle couche d'aubier, tandis que l'aubier lui-même fournit une couche de bois. Ces couches sont très-distinctes entre elles, et on obtient l'âge de l'arbre en les comptant après avoir scié l'arbre près de la racine. Par suite de leur mode d'accroissement, les dicotylédonées se nomment encore *exogènes*, c'est-à-dire *croissant à l'extérieur.*

Au centre du végétal est la *moelle*, tissu délicat et spongieux. Renfermée dans l'*étui médullaire* et privée du jour, sa couleur est blanchâtre; mais elle verdit à la lumière. La moelle communique avec le reste de la tige au moyen de prolongements médullaires qu'on voit rayonner en

tout sens sur la coupe transversale de la tige.
Arrivé à l'écorce, le jet de moelle pénètre jusqu'en
dehors de l'épiderme et produit le bouton. Le
travail s'opère surtout dans les jeunes branches
et les rameaux, parce que, dans les troncs d'un
certain âge, le canal médullaire, pressé par les
couches ligneuses, finit par s'oblitérer.

A l'époque de la végétation, si on enlève l'écorce d'une jeune branche, on voit bientôt suinter sur les bords de la plaie une liqueur épaisse et gélatineuse, qui se durcit, s'organise et prend l'aspect d'un tissu végétal. Cette liqueur, fournie par le liber, est ce qu'on appelle le *cambium*, principe organique de tout le végétal, dont nous parlerons plus bas.

La structure de l'écorce des plantes herbacées n'est point la même que celle des plantes ligneuses : dans les plantes herbacées, l'écorce se présente sous la forme d'un tissu cellulaire, lâche et succulent, dans lequel on ne peut trouver les différentes parties qui constituent les tiges ligneuses ou troncs.

Structure des tiges des monocotylédonées (1).

La tige des monocotylédonées, qu'on appelle ordinairement *stipe* dans les arbres, ne présente

(1) Voyez l'explication de ce terme, page 90.

ni liber, ni aubier, ni corps ligneux ; depuis le centre jusqu'à la surface extérieure, ce n'est qu'un amas de fibres longitudinales, ligneuses, lisses, flexibles, composées elles-mêmes d'autres fibres plus déliées, se prolongeant de la racine au sommet, et entre lesquelles se glisse une espèce de substance médullaire. La tige n'a d'autre écorce que l'enveloppe desséchée, très-apparente sur le tronc des palmiers.

Après la germination, les feuilles se déploient en faisceau circulaire naissant du collet de la racine. Du centre de ce faisceau part, l'année suivante, un bouquet de nouvelles feuilles qui rejettent les anciennes en dehors; celles-ci se dessèchent et tombent, mais leur base persiste en forme d'anneau solide, qui devient la base du stipe. Chaque année, un nouveau bourgeon central se développe ; le même phénomène se reproduit, et un nouvel anneau se forme au-dessus de ceux déjà existants. Le stipe des monocotylédonées est donc composé d'anneaux superposés. C'est pour cela qu'il croît très-peu en diamètre, et qu'il acquiert en un an ou deux toute la grosseur qu'il doit avoir dans la suite. Des palmiers de cent quarante pieds de hauteur ont à peine un pied de diamètre.

Par suite de ce mode d'accroissement, les monocotylédonées se nomment encore *endogènes*, c'est-à-dire *croissant à l'intérieur*.

Il résulte de ce que nous venons de dire que
les dicotylédonées offrent deux systèmes distincts:
le *central*, formé de l'étui médullaire et des couches ligneuses ; le *cortical*, composé de l'écorce.
Ces deux systèmes s'accroissent séparément : le
central par sa face extérieure; le cortical par sa
face intérieure ; au lieu que les monocotylédonées n'offrent qu'un seul système, le cortical, et
elles croissent par leur face intérieure.

DES FEUILLES.

Les tiges, dont nous venons de nous occuper,
sont admirables à l'intérieur par les diverses
parties qui les composent, et qui toutes concou-
rent à l'accroissement de la plante, et à lui donner toute la force dont elle est susceptible ; mais
il faut convenir qu'il n'y a rien pour l'extérieur,
et que notre œil serait peu flatté de la vue de
plantes et d'arbres qui n'auraient que des tiges ,
des troncs et des branches. Nous en faisons l'expérience pendant l'hiver, où presque tous les végétaux sont dépouillés : alors la campagne est
triste et sans vie. Mais, à l'approche du printemps,
lorsqu'une température douce et humide vient
ranimer la nature, tout change : ces branches
nues , qui paraissaient sèches, se couvrent de
boutons; ces boutons s'ouvrent et laissent échap·
per de jeunes feuilles, qui bientôt prennent de

l'accroissement et forment un riche vêtement aux arbres et aux plantes. Cette nouvelle vie se fait sentir à tous les êtres animés, tous semblent recevoir une nouvelle existence; et au-dessus d'eux tous, l'homme doit admirer et bénir le Créateur de tant de merveilles qui ont été faites pour embellir le séjour où il a été placé. Ces feuillages touffus lui donnent un abri contre les rayons du soleil, qui, de jour en jour, acquiert une nouvelle force. Balancés par le vent qu'ils aspirent, ils purifient et renouvellent l'air ; ce balancement a un charme particulier par le doux bruit qu'il cause et par ce mouvement continuel qui donne de la vie au paysage. La couleur verte des feuilles est aussi un bienfait de Dieu, qui l'a répandue sur toute la terre, parce que cette teinte douce convient à notre œil et contribue à la conservation de cet organe.

Les feuilles, avant leur développement, sont renfermées dans un bouton qui leur sert de berceau. Ce bouton, nommé *œil* ou *bourgeon* lorsqu'il est placé sur un rameau, et *turion* lorsqu'il naît immédiatement de la racine (1), pousse au printemps un jet qui devient branche ; celle-ci se couvre de nouveaux bourgeons, les uns courts et renflés produisant des fleurs et des fruits, les

(1) Les jeunes pousses des asperges , qui nous servent d'aliment, sont des *turions.*

autres pointus produisant des feuilles et de nouvelles branches. Les feuilles renfermées dans le bouton sont munies de toutes leurs nervures, mais roulées et repliées pour n'occuper que très-peu de place : tantôt elles sont plissées ou pliées, tantôt roulées en cornet, tantôt appliquées les unes contre les autres , etc.

Peu de plantes sont privées de feuilles : la cuscute, la salicorne et quelques joncs. Dans l'orobanche, la clandestine et plusieurs orchidées, elles sont remplacées par des écailles , productions minces, sèches et coriaces.

Le bord de la feuille est la ligne qui dessine son contour. La surface supérieure est celle qui regarde le ciel ; elle est ordinairement ferme, lisse, peu poreuse. La surface inférieure est celle qui regarde la terre; elle est généralement molle, velue et très-poreuse.

On nomme *pétiolée* la feuille attachée à la plante par un support particulier appelé *pétiole*, ou vulgairement *queue* de la feuille. Celle qui en est dépourvue est dite *sessile*. La base de la feuille est l'extrémité par laquelle elle fait corps avec le pétiole; l'extrémité opposée en est le sommet.

Le pétiole est formé par la partie de la fibre qui reste simple et entière. Dès qu'elle se divise, les ramifications prennent le nom de *nervures*. Le tissu cellulaire , qui en remplit les interstices, s'appelle *parenchyme*. Le squelette de la feuille est composé d'un réseau très-fin qu'on aperçoit facilement à travers la plupart des feuilles observées par transparence, et qu'on voit à nu lorsque la macération ou les insectes ont détruit le parenchyme.

Une feuille est dite *simple*, lorsque son pétiole ne porte qu'une seule feuille. Elle est dite *composée*, lorsque le pétiole porte plusieurs feuilles qui prennent alors le nom de *folioles* pour les distinguer de la feuille entière, ou proprement dite, et qu'il renferme toutes les folioles et toutes les ramifications du pétiole (l'ellébore).

Dans les feuilles on peut considérer l'emplacement, la disposition, l'insertion, la direction, la consistance, la forme, la surface, la composition et la durée.

1° Sous le rapport de l'emplacement, les feuilles sont dites :

Radicales, lorsqu'elles naissent du collet de la racine, ou à très-peu de distance (la violette, le pissenlit);

Caulinaires, lorsqu'elles naissent sur la tige ou sur les rameaux ;

Florales, lorsqu'elles naissent très-près des fleurs, et qu'elles sont à peu près semblables aux feuilles supérieures. Lorsqu'elles diffèrent de celles-ci par leur forme ou par leur consistance, elles prennent le nom de *bractées*.

2° Sous le rapport de la disposition, les feuilles sont dites :

Alternes , lorsqu'elles naissent une à une autour de la tige ; dans ce cas elles peuvent être en *spirale* , lorsqu'elles naissent sur une ligne spirale (l'euphorbe , petit cyprès) ; en *quinconce*, lorsqu'elles sont en spirale , et que la première est recouverte par la cinquième , la seconde par la sixième, etc. (l'orme, le poirier) ; *distiques* , lorsqu'elles sont disposées sur deux rangs réguliers et très-rapprochées (l'if, le sapin);

Eparses, lorsqu'elles n'offrent aucun ordre ;

Opposées, lorsqu'elles naissent de deux points opposés et à la même hauteur. Presque toujours deux paires consécutives de feuilles opposées sont à angle droit (les labiées) ;

Géminées, lorsqu'elles naissent à même hauteur, mais de deux points non opposés et plus ou moins rapprochés (l'alkékenge) ;

Verticillées , lorsqu'elles naissent plus de deux à la même hauteur , disposées en anneau ; alors elles sont dites *ternées*, *quaternées*, etc., selon qu'elles naissent trois à trois , quatre à quatre , etc. (le caillet ou caille-lait, la garance) ;

Fasciculées ou *en faisceau* , lorsqu'elles partent plusieurs d'un même point (l'asperge, le mélèze);

En rosette, lorsqu'elles sont alternes, très-rapprochées, étalées ou divergentes, offrant la forme d'une rose ouverte (la joubarbe, les saxifrages);

Imbriquées, lorsqu'elles se recouvrent en partie mutuellement. Elles peuvent être imbriquées sur deux, trois et quatre rangs, ou sans ordre distinct.

3° Quant à leur mode d'insertion , les feuilles sont dites :

Embrassantes ou *amplexicaules*, lorsque, manquant de pétiole, elles entourent la tige par leur base élargie (le salsifis des prés, la jusquiame);

Perfoliées (pl. II, fig. 5), lorsque les appendices de la base se soudent de l'autre côté de la tige, qui semblent ainsi traverser la feuille (la chlore perfoliée) ;

Connées, *conjointes* ou *soudées à la base* , lorsqu'étant opposées elles sont réunies à la base , et semblent ne faire qu'une feuille traversée par la tige (le chèvrefeuille). Par opposition , on dit qu'elles sont *distinctes* , lorsqu'elles ne sont pas réunies à la base ;

Prolongées ou *libres à la base*, lorsque leur base se prolonge au-dessous du point d'attache en un petit appendice non adhérent (le rsedum réfléchi);

Décurrentes , lorsque leur base se prolonge inférieurement le long de la tige en deux appendices; alors la tige est dite *ailée* (le bouillon blanc, la plupart des chardons) ;

Engaînantes, lorsque la base forme un tube cylindrique nommé *gaîne*, enveloppant la tige (les graminées). La gaîne est ordinairement pro-

longée en dedans et au sommet en une membrane
nommée *languette ;*

Sessiles. Ce mot, dans la description, signifie
que la feuille est dépourvue de pétiole, et ne se
prolonge en aucun sens sur la tige ou autour
d'elle ;

Peltées ou *ombiliquées* (pl. II, fig. 1), quand
le pétiole est inséré au milieu de la surface, comme s'il supportait un bouclier (la capucine, l'hydrocotyle).

Le pétiole est dit *bordé* lorsqu'il porte une
bande très-étroite de parenchyme ; *creusé en
gouttière* ou *canaliculé*, lorsqu'il est concave en-
dessus et convexe en-dessous ; *déprimé*, quand
il est aplati ou un peu convexe sur les deux
faces ; *comprimé*, quand son épaisseur est sensiblement plus grande que sa largeur ; par suite
de cette structure, les feuilles sont dans une
oscillation presque perpétuelle (le tremble).

4° Sous le rapport de la direction, les feuilles
sont dites :

Appliquées, quand elles touchent la tige dans
toute leur longueur ;

Dressées, quand elles forment avec la partie
supérieure de la tige un angle très-aigu (la spi-
rée-barbe-de-chèvre) ;

Redressées, lorsqu'elles s'éloignent d'abord un
peu de la tige par la base et se redressent ensuite ;

Ouvertes, étalées, horizontales, selon qu'elles

forment avec la partie supérieure de la tige un angle demi-droit, un angle presque droit, ou un angle tout à fait droit ;

Courbées, *fléchies*, quand elles sont courbées de bas en haut ;

Réfléchies, quand elles sont renversées et portent, en se courbant, leur sommet vers la terre (la sesléric bleuâtre) ;

Nageantes, lorsqu'elles se soutiennent sur l'eau (le nénuphar) ;

Submergées, lorsqu'elles sont plongées dans l'eau ;

Emergées, lorsqu'elles s'élèvent sur leur pétiole au-dessus de l'eau (la sagittaire).

5° Sous le rapport de la consistance, les feuilles sont dites :

Herbacées, lorsqu'elles sont vertes et molles ;

Membraneuses, quand elles sont minces et dépourvues de pulpe ;

Scarieuses, quand elles sont minces, sèches, demi-transparentes ;

Charnues ou *succulentes*, quand elles sont épaisses et formées en grande partie d'un tissu cellulaire pulpeux ou succulent (les plantes grasses) ;

Nerveuses, lorsqu'elles sont marquées de côtes ou de nervures saillantes (le plantain) ;

Veinées, lorsque les côtes sont très-petites et très-ramifiées ou entre-croisées.

6° Dans la forme de la feuille, on considère la figure, le sommet, la base, le contour ou les bords et la masse.

(a) Sous le rapport de la figure, la feuille est dite :

Orbiculaire ou *ronde* (pl. II , fig. 1) , lorsque son contour est à peu près celui d'un cercle (l'hydrocotyle) ;

Arrondie (pl. II, fig. 6) , lorsqu'elle approche de la figure ronde ou orbiculaire (la lysimaque nummulaire) ;

Ovale (pl. II , fig. 7) , lorsqu'elle est plus longue que large, et arrondie également aux deux bouts ou un peu plus large à la base. Elle est dite *ovée* ou *oborée*, selon qu'elle est sensiblement élargie à la base ou au sommet ;

Elliptique, lorsqu'elle est une fois et demie ou deux fois aussi longue que large (l'hélianthème commun) ;

Oblongue, lorsque sa longueur contient plusieurs fois sa largeur (l'aunée dyssentérique) ;

Lancéolée (pl. II, fig. 4), lorsqu'elle est plus longue que large, et se rétrécit insensiblement en pointe aux deux bouts, en forme de fer de lance (le laurier, le saule blanc) ;

Spatulée ou *en spatule*, lorsqu'elle est rétrécie à la base, large et arrondie au sommet (la paquerette) ;

Cunéiforme ou *en forme de coin*, lorsqu'étant rétrécie à la base elle va en s'élargissant insensiblement jusqu'au sommet qui est tronqué (le pourpier);

Triangulaire, lorsqu'elle forme un triangle dont la pointe est au sommet (le bouleau blanc). Si le triangle est équilatéral, ayant ses trois côtés égaux, la feuille est dite *deltoïde* (1);

Rhomboïdale, lorsqu'elle a quatre angles, deux aigus, et deux obtus;

Linéaire, lorsqu'elle est étroite et d'une largeur à peu près égale dans toute sa longueur, excepté au sommet terminé en pointe (le lin, la linaire);

En alène ou *subulée*, lorsqu'étant linéaire à la base elle se rétrécit insensiblement pour finir par une pointe très-aiguë (le genevrier commun, la sabline printanière);

Capillaire, *sétacée*, *filiforme*, lorsqu'elle est fine comme un cheveu, une soie ou un fil (l'asperge);

En épingle, lorsqu'étant linéaire elle est ferme et piquante comme une épingle.

(b) Relativement au sommet, la feuille est dite :

Aiguë, quand les deux bords s'inclinent in-

(1) Mot tiré de la lettre grecque appelée *delta*, majuscule, qui a aussi la forme d'un triangle équilatéral.

sensiblement l'un vers l'autre, de manière à former un angle aigu le saule blanc);

Acuminée (pl. II, fig. 3), lorsque les deux bords, avant de se joindre, changent leur direction et vont former, par leur prolongement, une pointe étroite (le cornouiller mâle);

Mucronée (pl. II, fig. 2), lorsqu'elle est terminée par une petite pointe très-grêle et isolée (l'amaranthe-blette);

Obtuse (pl. II, fig. 8), lorsqu'elle est plus ou moins arrondie au sommet (la villarsie, faux nénuphar);

Échancrée (pl. II, fig. 11), lorsqu'elle est obtuse et entaillée assez profondément au sommet (le buis, le cabaret d'Europe);

Emoussée ou *rétuse*, lorsqu'elle est obtuse et presqu'échancrée, ou comme écrasée au sommet; la feuille de l'amaranthe-blette est *émoussée-mucronée*;

Tronquée, lorsqu'elle est brusquement terminée par une ligne transversale.

(c) Relativement à la base, la feuille est dite :

Cordiforme (en forme de cœur), lorsqu'elle est fortement échancrée à la base en deux lobes arrondis (pl. II, fig. 8 et 11). Si en même temps le sommet est en pointe, la feuille est dite *en cœur*. Si l'un des deux lobes est sensiblement plus long que l'autre, la feuille est dite *obliquement cordiforme* ou *en cœur*. Lorsque l'échancrure de la base est peu marquée, on dit que la feuille est *un peu échancrée* ou *un peu en cœur à la base* (la bétoine officinale, pl. II, fig. 12). Enfin, la feuille étant rétrécie à la base, et échancrée au sommet en deux lobes arrondis, elle est dite *en cœur renversé ;*

Sagittée ou *en fer de flèche* (pl. II , fig. 9), lorsqu'étant à peu près triangulaire elle est échancrée à la base en deux lobes aigus et peu divergents (la sagittaire). Si en même temps la feuille est oblongue ou cordiforme, on dit qu'elle est *oblongue en fer de flèche* (l'oseille, pl. II , fig 13), ou *cordiforme en fer de flèche* (le sarrasin, fig. 10);

Hastée ou *en fer de pique* (pl. II , fig. 14), lorsqu'étant triangulaire elle est plus ou moins creusée sur les côtés et prolongée à la base en deux lobes divergents, rejetés en dehors (le pied-de-veau) ;

Auriculée ou *à oreillettes*, lorsqu'elle est prolongée à la base en deux lobes peu sensibles (plusieurs crucifères).

(d) Relativement à son contour, la feuille est dite :

Très-entière (pl. II, fig. 6), lorsque le bord est continu sans la moindre incision (le laurier-rose, l'oranger, la lysimaque nummulaire) ;

Entière, lorsque le bord est à peu près continu;

Crénelée (pl. II, fig. 15) , lorsque le bord est découpé en crénelures ou petites parties sail-

lantes arrondies (la bétoine officinale, le mar-
rube). La feuille de l'hydrocotyle est largement
crénelée ;

Dentée, lorsque le bord est découpé en dents
plus ou moins aiguës (le seneçon, le tussilage) ;

Dentelée ou *denticulée*, lorsque les dents sont
très-fines ; si elles sont dirigées vers le sommet,
la feuille est dite *dentelée en scie* (le saule blanc,
pl. II, fig. 16). Si les crénelures ou dents sont
elles-mêmes crénelées ou dentées, la feuille est
dite *doublement* ou *deux fois crénelée, dentée,* ou
dentée en scie (l'orme) ;

Rongée, lorsque le bord est découpé en petites
parties saillantes, inégales, comme s'il avait été
attaqué par un insecte (la moutarde blanche) ;

Sinuée (pl. II, figure 17), lorsqu'elle est découpée en parties saillantes, arrondies, séparées
par des échancrures ou sinus également arrondis (le chêne) ;

Ondulée, quand elle offre des sinuosités arrondies et peu profondes, imitant des ondulations;

En forme de violon ou *panduriforme* (pl. II,
fig. 18), lorsqu'elle est oblongue et a de chaque
côté un sinus arrondi (le rumex-violon) ;

Anguleuse, lorsqu'elle est bordée d'angles
saillants ;

Incisée lorsque le bord offre des découpures
indéterminées, plus profondes que les dents et
les crénelures ;

Lobée, lorsque les incisions atteignent ou dépassent le milieu de la largeur de la feuille, et la découpent en portions plus ou moins élargies nommées lobes. On la dit *bilobée*, *trilobée*, etc., lorsqu'elle est à deux, trois, etc., lobes;

Bifide, *trifide*, etc., lorsqu'elle est à deux, trois lobes séparés par des incisions longitudinales;

Pinnatifide (pl. II, fig. 19), lorsqu'elle est divisée latéralement en lobes plus ou moins profonds (beaucoup de composés);

Multifide, lorsque les lobes sont très-nombreux;

Lyrée ou *en lyre* (pl. II, fig. 20), lorsque les lobes latéraux, très-petits à la base, augmentent à mesure qu'ils approchent du lobe terminal qui est très-grand (l'herbe de sainte Barbe):

Roncinée ou *en rondache* (pl. II, fig. 21), lorsque les lobes latéraux sont aigus et recourbés vers la base de la feuille (le pissenlit);

Ailée-pinnatifide, lorsque la feuille est découpée tout à fait jusqu'à la côte moyenne en lobes écartés, imitant des folioles (la plupart des ombellifères). Pour abréger, on dit simplement dans les descriptions que ces feuilles sont *ailées*, ce qui est inexact.

Les lobes sont dits *palmés*, lorsqu'ils sont disposés comme les doigts étalés et très-ouverts (la vigne), et *digités*, lorsqu'ils sont disposés comme les doigts peu ouverts.

Si les lobes d'une feuille sont eux-mêmes pinnatifides, et les nouveaux lobes aussi pinnatifides,
etc., on dit que la feuille est 2, 3 fois pinnatifide;
de même pour les autres espèces de découpures.

Enfin le bord de la feuille est dit *glanduleux*
ou *calleux*, lorsque les dents de la feuille sont
terminées par une glande ou un petit durillon.

(e) Sous le rapport de la masse, la feuille
peut être :

Cylindrique (le sedum blanc) ;

Fistuleuse ou *cylindrique et creuse* (*l'oignon*) ;

Gibbeuse ou *bossue*, lorsqu'elle est renflée en
bosse ;

Trigone, lorsqu'elle est à trois faces (l'asphodèle) ;

Ensiforme ou *en forme d'épée*, lorsqu'elle est
longue, épaissie au milieu et tranchante sur les
côtés.

7° Sous le rapport de la surface, on en exprime les aspérités ou la villosité par les mêmes
termes que pour la tige.

En outre la feuille est dite :

Plane, lorsqu'elle est parfaitement plate (la
plupart des feuilles) ;

En carène ou *carénée*, lorsqu'elle est un peu
pliée en long, et présente en-dessus une saillie
imitant la carène d'un vaisseau (l'hémérocalle);

En gouttière ou *canaliculée*, lorsqu'elle est
roulée en-dessus dans toute sa longueur;

3.

Cilicée, lorsqu'elle est bordée de cils ou de poils soyeux (la potentille dorée, les rossolis);

Épineuse, lorsqu'elle est armée de pointes dures et piquantes (les chardons);

Cartilagineuse, lorsque les bords sont durs et d'une autre couleur que le vert;

Rugueuse ou *ridée*, lorsque les veines s'enfoncent un peu, de manière à offrir des rides.

8° Nous avons dit que les feuilles étaient simples ou composées. Jusqu'ici nous ne nous sommes occupés que des feuilles simples, mais on se sert exactement des mêmes termes pour exprimer les modifications des *folioles* ou petites feuilles, dont l'ensemble forme les feuilles composées. Quant à la disposition de ces folioles, la feuille est dite :

Conjuguée, quand le pétiole porte au sommet deux folioles (la gesse des prés);

Ternée, *quaternée*, etc., selon qu'il porte au sommet 3, 4, etc., folioles (le trèfle, la marsilée, etc.);

Digitée, quand il porte plusieurs folioles rapprochées (pl. II, fig. 22);

Pédalée ou *en pédale* (pl. II, fig. 23) quand le pétiole commun est divisé au sommet en deux branches divergentes portant un rang de folioles sur leur côté intérieur (la rose de Noel);

Ailée, lorsque le pétiole porte latéralement un certain nombre de folioles, ce qui s'entend ordinairement d'un nombre pair (l'orobe);

Ailée avec impaire, quand le pétiole est terminé par une foliole impaire (le noyer);

Ailée avec interruption (pl. II, fig. 24), quand les folioles principales sont entremêlées d'autres folioles très-petites (la potentille ansérine).

Lorsque le pétiole, au lieu de porter simplement des folioles, se divise une ou plusieurs fois en d'autres pétioles d'où naissent les folioles, on dit, selon le mode de composition, que la feuille est deux fois, trois fois, etc., ailée, ternée, etc.

9° Sous le rapport de la durée, les feuilles sont dites :

Caduques, lorsqu'elles tombent peu de temps après leur apparition, ou avant la fin de l'été ;

Annuelles, lorsqu'elles tombent en automne ;

Persistantes, *toujours vertes*, lorsqu'elles demeurent sur la tige plus d'une année révolue (les sapins).

Des Stipules.

On nomme stipules de petits appendices membraneux ou foliacés qui accompagnent la base de la feuille ou du pétiole. On les décrit par les mêmes termes que les feuilles. On remarque principalement si elles sont *caduques* ou *persistantes*, *distinctes* ou *soudées*, *libres* ou *adhérentes au pétiole*. (Voy., pour les feuilles, pl. II.)

DES SUPPORTS.

Les animaux ont presque tous un moyen particulier de défense contre les ennemis qui pourraient leur nuire ; les plantes ont presque toutes aussi le même avantage. Dieu leur a donné des moyens d'être préservées soit des insectes, soit d'autres causes de destruction. Les organes destinés à cet usage se nomment *supports*, ainsi appelés parce que ces parties du végétal lui servent de soutien ou de défense : ce sont les *vrilles*, les *aiguillons*, les *épines*, les *poils* et les *glandes*.

Il est des plantes destinées, comme nous l'avons vu en parlant des tiges, à s'élever fièrement dans les airs ; il en est d'autres qui sont rampantes ; il en est aussi dont les longues tiges pourraient porter très-haut leurs fleurs ; mais trop faibles pour se soutenir, elles retomberaient et se traîneraient dans la poussière où elles perdraient tout leur éclat, si la Providence ne leur eût donné des *vrilles* ou *mains*, au moyen desquelles elles s'attachent aux plus grands arbres et forment des guirlandes de fleurs et des voûtes de verdure ; ce sont ces espèces de plantes qui, sous le nom de *lianes*, embellissent les forêts de l'Amérique ; d'autres s'élèvent moins haut, mais avec leurs vrilles s'attachent au soutien qui leur est nécessaire, et ainsi leurs fruits, exposés aux rayons du soleil, parviennent à maturité , ce qui n'aurait point eu lieu s'ils eussent été gisants à terre.

1° Les *vrilles* sont des filets simples ou rameux qui se roulent en spirale. Souvent le pétiole se roule lui-même dès la base autour des corps voisins, quoiqu'il ne soit terminé par aucun appendice.

2° Les *aiguillons* ou *piquants* se distinguent des épines en ce qu'ils semblent collés sur l'épiderme, et s'en détachent avec facilité ; ils paraissent formés par des poils *accrus* et endurcis. Ils peuvent être *droits, crochus, courbés, comprimés*, etc.

3° Les *épines* adhèrent fortement au tissu interne du végétal ; elles sont formées d'organes qui deviennent ligneux et piquants en vieillissant. Elles peuvent être *solitaires, géminées, simples, palmées, ramifiées*, etc.

4° Les *poils* se distinguent des aiguillons et des épines en ce qu'ils sont mous et filiformes ; ils peuvent être *simples, bifurqués* ou en *y, trifurqués* ou à trois pointes, *rameux, étalés, crochus* en alène, *articulés* ou coupés par des cloisons transversales, *glanduleux* ou terminés par une *glande, en navette*, ou formés de deux branches exactement opposées et appliquées sur la surface qui les porte.

5° Les *glandes* sont, en général, des organes particuliers de sécrétion ; elles sont souvent surmontées d'un poil creusé en canal, conduisant au dehors le fluide qu'elles renferment ; ce poil, très-aigu dans l'ortie, s'introduit dans la peau, et le suc qu'il y verse fait éprouver une douleur cuisante. Les feuilles sont souvent munies de glandes transparentes (le millepertuis, l'oranger). Les crucifères ont, en général, sur le réceptacle quatre glandes vertes plus ou moins sensibles.

§ II. — ORGANES REPRODUCTEURS.

DES FLEURS.

Tout ce que nous avons observé jusqu'ici dans les végétaux suffirait pour nous dédommager de nos peines et nous donner une haute idée des merveilles de la création ; et cependant ce n'est pour ainsi dire qu'une préparation, et ce qui nous reste à examiner est sans comparaison plus intéressant que ce qui vient de nous occuper. La verdure orne la campagne, donne de la fraîcheur, fournit de l'ombrage ; mais combien la scène change lorsque les fleurs viennent embellir cette verdure, lorsque ces couleurs variées, ces formes élégantes, ces découpures délicates se présentent en foule de tous côtés ! C'est alors que la nature est revêtue de sa plus riche parure, alors que nous aimons surtout à la contempler.

Mais ce n'est pas seulement par leur beauté que les fleurs sont la partie la plus intéressante des végétaux, c'est surtout par leur utilité : ce sont elles qui produisent les fruits qui, à leur tour, reproduisent la plante, et, par ce sage arrangement du Créateur, nous n'avons pas à craindre de voir la terre dépouillée de ses ornements, ni d'être privés nous-mêmes de cette immense variété de fruits qui sont si utiles et si agréables pour notre nourriture.

On appelle donc les organes dont nous allons nous occuper *reproducteurs*, parce qu'ils sont destinés à reproduire les plantes. Nous parlerons d'abord des fleurs.

On ne donne ordinairement le nom de *fleur* qu'à celles qui ont une enveloppe brillante, qui attire les yeux ; on ignore même l'existence de celles qui, dépourvues de ce bel ornement, naissent inaperçues. Mais, en botanique, on donne le nom de FLEUR *à cette partie passagère du végétal, composée des organes de la reproduction, qu'ils soient nus ou accompagnés d'enveloppes.* La fleur dépourvue de ces enveloppes colorées n'est point recherchée, avons-nous dit ; cependant l'observateur y découvre des choses aussi curieuses que dans les autres ; il ne faut pour cela qu'un degré de plus d'attention.

La fleur est dite *mâle*, lorsqu'elle ne renferme que des *étamines* (V. ce mot, pag. 78) ;

Femelle, lorsqu'elle ne renferme que des *pistils* (V. ce mot, pag. 80);

Hermaphrodite, lorsqu'elle porte des étamines et des pistils ;

Unisexuelle, lorsqu'elle ne porte que des étamines ou que des pistils ;

Complète, lorsqu'elle réunit l'un et l'autre, et une double enveloppe ;

Incomplète, lorsqu'il lui manque une ou plusieurs des quatre parties qui constituent une fleur complète.

Les plantes, selon les fleurs dont elles sont pourvues, sont :

Hermaphrodites, ou portant des fleurs *hermaphrodites* ;

Monoïques, ou portant à la fois des fleurs mâles ou à étamines, et des fleurs femelles ou à pistils ;

Dioïques, ou portant les fleurs à étamines sur un individu, et les fleurs à pistils sur un autre ;

Polygames, c'est-à-dire portant en même temps des fleurs hermaphrodites et des fleurs soit à étamines, soit à pistils, ou les unes et les autres à la fois.

De l'inflorescence.

L'inflorescence est la disposition des fleurs sur les végétaux. Ces fleurs sont ou *sessiles*, c'est-à-dire placées immédiatement sur les tiges, sur les rameaux ou à leur extrémité, ou bien elles sont soutenues par un support auquel on a donné le nom de *pédoncule;* il est à la fleur et ensuite au fruit ce que le pétiole est à la feuille. La belle variété de formes qui se trouve dans les fleurs paraît n'être que pour l'agrément, mais le plus souvent cet arrangement a un but utile, ce qui peut nous faire présumer que ce but existe aussi dans les fleurs où nous ne pouvons le découvrir.

Lorsque la fleur est pourvue d'un pédoncule, elle est dite *pédonculée.* Le pédoncule est *uniflore* ou *multiflore*, selon qu'il porte une ou plusieurs fleurs. On nomme *pédicelles* les rameaux d'un pédoncule divisé, ou encore les pédoncules minces et uniflores. Le pédoncule prend le nom de *hampe* lorsqu'il semble naître de la racine; il est toujours dépourvu de feuilles.

A l'égard des rameaux, la disposition des fleurs s'exprime par les mêmes termes que celle des feuilles. Ainsi elles sont *radicales, caulinaires, éparses, opposées, verticillées, solitaires, géminées, agglomérées, terminales, axillaires* ou placées aux aisselles des feuilles.

Quant à l'ensemble des fleurs, on dit qu'elles sont :

En épi, quand elles sont sessiles ou à peu près, et disposées le long d'un axe ou pédoncule commun et allongé (le froment). L'épi est raide, ordinairement simple, rarement rameux, composé d'épillets toujours serrés contre l'axe, et tantôt portant une barbe (pl. III, fig. 1), tantôt en étant dépourvus (fig. 1 *a*). Chaque épillet, composé d'une ou de plusieurs fleurs (fig. 1 *b* et 1 *c*), est entouré à la base d'une enveloppe nommée *glume*, formée d'une ou deux pièces nommées *valves*. Ces sortes de fleurs sont dites *glumacées* (les graminées (1)) ;

En chaton (pl. III, fig. 2), quand elles sont unisexuelles, munies d'écailles tenant lieu d'enveloppe florale, et portées sur un axe commun (les saules) ;

En spadice (pl. III, fig. 3), quand elles sont unisexuelles, nues, distinctes et sessiles sur un pédoncule commun, ordinairement renfermé dans une spathe (le gouet). La *spathe* est une enveloppe membraneuse en forme de sac ou de cornet, qui contient les fleurs avant leur épanouissement, et qui, excepté dans le gouet, se déchire et se dessèche pendant ou après la floraison. La plupart des fleurs dites *liliacées* naissent dans une spathe ;

En grappe (pl. III, fig. 4), quand, au lieu d'être sessiles le long de l'axe, elles sont portées sur des pédoncules simples ou très-peu divisés ;

(1) Pour un développement plus détaillé, voy. 4me partie, article *Canne à sucre.*

En thyrse ou *en bouquet* (pl. III, fig. 5), quand elles sont disposées en grappe ovale dont les pédoncules sont rameux et plus longs au milieu qu'aux deux bouts (le marronnier d'Inde);

En panicule ou *paniculées* (pl. III, fig. 6), quand elles sont portées sur des pédoncules écartés, à ramifications assez étalées, et allongées surtout dans les pédoncules inférieurs (l'avoine). La panicule peut être *lâche*, *diffuse*, *serrée*, *rameuse*, etc.;

En verticille ou *verticillées* (pl. III, fig. 7), quand elles sont disposées circulairement et par étages autour de la tige et des rameaux (les labiées);

En ombelle (pl. III, fig. 8), quand les pédoncules partant du même point et arrivant à peu près à la même hauteur, les fleurs forment une surface continue, plane ou convexe. L'ombelle est *simple*, quand les pédoncules portent immédiatement les fleurs (l'oignon); elle est *composée*, quand chaque pédoncule se divise au sommet en pédicelles également disposés en *ombelles partielles* ou *ombellules* (la carotte, le cerfeuil). Les folioles qu'on voit souvent à la base des ombelles forment ce qu'on appelle l'*involucre;* celles qui accompagnent les ombelles partielles forment l'*involucelle;*

En corymbe ou *en fausse ombelle* (pl. III, fig. 9), quand les pédoncules, partant de différents points, arrivent à peu près à la même hauteur (la mille-feuille);

En cime (pl. III, fig. 10), quand les pédoncules intérieurs, partant environ du même point, sont accompagnés d'autres pédoncules extérieurs partant de points différents, et que la fleur forme à peu près une surface continue (le sureau, le cornouiller);

En tête (pl. III, fig. 11), lorsque les fleurs, très-nombreuses, sessiles ou à peu près, sont serrées et ramassées au sommet d'un pédoncule commun, ordinairement élargi et souvent muni d'un involucre composé de folioles ou d'écailles placées sur un ou plusieurs rangs, ou imbriquées (l'artichaut, la scabieuse).

De la Fleur en général.

Maintenant examinons une fleur complète pour apprendre les noms et les positions de leurs différentes parties; nous reviendrons ensuite avec plus de détail sur chacune de ses parties.

Prenons pour exemple le liseron blanc, si commun dans les haies. On remarque d'abord une espèce de cloche blanche assez large, plissée par ses cinq angles; c'est la *corolle* (pl. IV, fig. 1, qui ne présente que la moitié de la corolle). Elle est munie à sa base de cinq petites feuilles vertes composant le *calice*, et deux plus grandes, qui sont des *bractées*. Si l'on fend en long la corolle, on verra qu'elle porte dans le bas cinq filets

minces, inégaux, un peu élargis à la base, terminés au sommet par une petite tête allongée,
pleine de poussière jaune ; ce sont les *étamines*.
Au centre de la fleur et au milieu des étamines
se trouve un corps oblong, surmonté d'un filet
terminé par une petite tête à deux lobes; c'est le
pistil. Dans le lis nous trouverions les mêmes
parties, excepté le calice, parce que le lis est une
fleur incomplète. Dans une fleur de bourrache,
outre toutes les parties que nous avons trouvées
dans le liseron, nous apercevrons de plus, à
l'ouverture du tube de la corolle, cinq appendices particuliers qu'on nomme *nectaires*.

Du Réceptacle.

Le pédoncule est terminé par un organe particulier qu'on nomme *réceptacle*. Il est complet
lorsqu'il porte immédiatement toutes les parties
de la fleur renfermées dans le calice ; incomplet,
lorsqu'il ne porte que l'ovaire. Il y a des botanistes modernes qui ont mêlé et confondu les
fonctions du réceptacle et du calice ; essayons
de nous en faire une idée simple. Le calice n'a
essentiellement d'autre fonction que d'aider à la
corolle à protéger l'intérieur de la fleur, ce n'est
quelquefois qu'une enveloppe sèche, aride et de
peu de durée ; le réceptacle, au contraire, est,
dans un grand nombre de plantes, épais et vis-

queux : c'est là qu'aboutissent les sucs nourriciers ; c'est un véritable foyer de chaleur et de vie. Il est très-varié dans ses formes : il peut être *sec*, *charnu*, *concave*, *convexe*, *plane*, *conique*. Quant à sa surface, il peut être *nu*, *soyeux*, *paliacé* ou garni de paillettes, *alvéolé* ou garni d'alvéoles comme une ruche à miel.

Du Calice.

Le calice est l'enveloppe extérieure des fleurs ; elle est ordinairement verte et a beaucoup de rapports avec les feuilles. Si toutes les fleurs avaient une double enveloppe, on saurait toujours comment appliquer les noms de calice et de corolle ; mais quelques-unes n'en ayant qu'une, on n'a su quel nom on devait lui donner ; on s'est servi du terme de *périgone* ou *périanthe* simple ou double ; lorsqu'il est double, on reprend les noms de *calice* et de *corolle* ; lorsqu'il est simple, on ne le nomme que *périgone* ou *périanthe*.

On a dit que le calice était *inférieur* ou *infère*, et l'ovaire *supérieur* ou *supère*, lorsque le pistil était attaché sur le réceptacle, et non adhérent au tube du calice ; que l'ovaire était *inférieur* et le calice *supérieur*, lorsque cet ovaire était couronné par le limbe du calice. Dans le premier cas, l'ovaire est *libre* en ce qu'il ne fait point corps avec le calice ; dans le deuxième cas, il est

adhérent, il fait corps avec le calice. Il est difficile, dans les plantes, de distinguer si l'ovaire est
libre ou adhérent ; mais, comme on en a tiré des
caractères pour la classification des genres, il est
nécessaire de s'exercer à les connaître.

Le calice ne nous offre pas le brillant éclat des
corolles ; sa destination est de protéger et de défendre les fleurs en boutons ; il doit donc avoir
plus de force et offrir plus de résistance que
l'enveloppe intérieure ; dans quelques espèces
cependant, le calice rivalise de beauté avec la
corolle.

Linnée, à cause de leurs fonctions, rapproche
des calices : 1° les *involucres;* on nomme ainsi
cet assemblage de folioles qui garnit la base des
ombelles ; ceux qui sont à la base des ombelli-
cules se nomment *involucelle;* la carotte est pourvue de ces deux parties ; 2° la *spathe* des fleurs
monocotylédonées, et qui est rangée par Jussieu
parmi les bractées : c'est une partie membraneuse
ordinairement sèche, qui enveloppe, en forme de
sac ou de cornet, la fleur, et qui se déchire par
les progrès de son développement ; le narcisse a
une spathe ; 3° les *écailles* des fleurs en chaton,
comme le noisetier, le saule, etc. ; 4° la *balle* ou
glume des graminées, dont elle forme le principal caractère : c'est une espèce d'enveloppe formée par des paillettes ou des écailles sèches. La
balle est dite *univalvée* ou *bivalvée*, selon qu'elle

est formée d'une ou de deux pièces. La base, le dos ou le sommet d'une de ces valves est souvent pourvu d'une longue arête que l'on appelle *barbe;* 5° enfin la *coiffe* des mousses et le *volva* des champignons, plantes *cryptogames.*

Lorsque le calice est formé de plusieurs pièces, on leur donnait autrefois le nom de *folioles,* auquel on a substitué celui de *sépales.* D'après cela, le calice est dit :

Polysépale (autrefois *polyphylle*), lorsque les sépales sont distincts ou à peu près ;

Monosépale, lorsque les sépales sont soudés, ou à peu près, dans toute leur étendue.

Relativement à sa forme, le calice est dit : *tubuleux* ou en *tube,* en *cloche,* en *godet, renflé, ventru, cylindrique, anguleux, sillonné, nu, écailleux* ou muni en dehors de petites écailles ; *aigretté* ou terminé par des aigrettes (la valériane), *labié* ou formant deux lèvres inégales et entr'ouvertes (la sauge, l'épiaire annuelle) ; *éperonné* ou portant à sa base un prolongement creux en forme de corne ou d'éperon.

Relativement à son limbe ou à son bord, le calice est dit :

Entier, lorsque le bord n'est pas divisé ;

Denté, lorsque le bord est découpé en dents n'atteignant pas le quart de la longueur du calice ;

Lobé, quand les découpures sont larges, assez

profondes, et forment des lobes de longueur indéterminée ;

Divisé, quand les découpures atteignent à peu
près le milieu du calice ; alors on le dit *bifide*,
trifide, *multifide*, selon qu'il y a deux, trois ou
plusieurs divisions ;

Partagé, lorsque les découpures se prolongent au delà du milieu.

Quant à sa durée, le calice est dit :

Caduc, quand les sépales se détachent d'eux-
mêmes à l'époque de la floraison (le pavot) ;

Tombant, quand ils se détachent d'eux-mêmes
à la fin de la floraison (la renoncule) ;

Persistant, quand ils restent jusqu'à la maturité des grains (la sauge) ; alors il peut continuer
à croître et à végéter, ou se dessécher sans prendre d'accroissement.

Relativement à l'ovaire, le calice, nous le ré-
pétons, est dit :

Adhérent, lorsqu'il fait corps avec l'ovaire ;

Libre, lorsqu'il ne tient en aucune manière à
l'ovaire ;

Demi-adhérent, lorsqu'il adhère à l'ovaire
dans une partie de sa longueur. Ces mêmes mots
s'emploient pour l'ovaire relativement au calice.

De la Corolle.

Tout ce que nous avons dit de la fleur par rapport au reste de la plante, peut s'appliquer à la corolle par rapport aux autres parties de la fleur. C'est elle qui attire et fixe d'abord nos regards par ses vives couleurs et ses formes élégantes; mais ce n'est pas seulement pour l'agrément que la corolle existe, elle défend et protége les organes de la reproduction, et dans quelques espèces, lorsque le fruit commence à être formé, elle lui est utile en lui renvoyant la chaleur par ses pétales polis. C'est sur la forme et la disposition des corolles que Tournefort a établi son système; aussi est-ce lui qui avait le plus fait goûter l'étude de la botanique.

La corolle est, dans les fleurs complètes, l'enveloppe la plus rapprochée des organes de la fructification ; elle est toujours colorée, c'est-à-dire d'une autre couleur que le vert. Avant son épanouissement, elle est repliée dans le calice, qui est alors à son égard ce que le bouton est aux feuilles ; elle s'y trouve imbriquée dans les roses, plissée dans les liserons, chiffonnée dans les pavots, etc.

Quant à son insertion, la corolle est dite *hypogyne*, lorsqu'elle est insérée sous l'ovaire (les crucifères, les caryophyllées); *périgyne*, autour de l'ovaire ou sur le calice (les campanulacées, les rosacées); *épigyne*, au sommet de l'ovaire (les ombellifères, les rubiacées).

La corolle est dite *monopétale*, lorsqu'elle est

d'une seule pièce (le liseron, pl. IV, fig. 1); *po-lypétale*, lorsqu'elle est composée de plusieurs pièces distinctes qu'on nomme *pétales* (le lis, pl. IV, fig. 3). La fleur dépourvue de pétale est dite *apétale.*

Le pétale se compose ordinairement d'une lame et d'un onglet par où il tient à la fleur ; on le dit *onguiculé* lorsque l'onglet est assez long et distinct (l'œillet).

Toute corolle, soit monopétale ou polypétale. est dite *régulière* ou *irrégulière*, selon que ses divisions sont symétriques ou non par rapport au centre de la fleur.

1° La corolle monopétale régulière peut offrir dans ses formes et dans ses découpures les mêmes modifications que le calice monosépale, et on les exprime par les mêmes termes. Nous ajouterons qu'elle est dite :

En entonnoir, lorsqu'elle est évasée au sommet et rétrécie à la base terminée en tube (le laurier rose, le tabac, pl. IV, fig. 12);

En soucoupe, lorsque le limbe s'élève supérieurement en forme de soucoupe, et se termine par un tube (l'androsace, le phlox, pl. IV, fig. 9);

En roue, lorsque le tube est très-court et le limbe très-ouvert, à peu près plane (la bourrache, pl. IV, fig. 4);

2° La corolle monopétale irrégulière est dite :

Labiée (pl. IV, fig. 6), lorsque le limbe est

fendu latéralement en deux lèvres plus ou moins écartées, l'une supérieure, qui peut être *comprimée*, *voûtée*, *en casque*, *entière* ou *échancrée*, etc.; l'autre inférieure, ordinairement à trois lobes (l'épiaire annuelle). Dans ce même cas, la corolle est dite *unilabiée* ou à une lèvre (pl. IV, fig. 7), lorsque la lèvre supérieure est nulle ou très-courte (la bugle, la germandrée);

Personnée, *en mufle* ou *en masque* (pl. IV, fig. 8), lorsque les deux lèvres sont fermées par une saillie intérieure de la gorge qu'on nomme palais (le mufle de veau, la linaire);

Eperonnée (pl. IV, fig. 8 et 15), lorsqu'elle est prolongée en éperon à la base (la violette, la linaire, les orchis).

3° La corolle polypétale régulière est dite :

Cruciforme (pl. IV, fig. 10), lorsqu'elle est à quatre pétales onguiculés disposés en croix, et qu'en outre les étamines sont au nombre de six. Les plantes à corolle cruciforme sont dites *crucifères* (le radis). Le réceptacle des crucifères porte deux glandes;

Rosacée (pl. IV, fig. 5), lorsqu'elle est composée de plusieurs pétales égaux, peu ou point onguiculés, disposés en rose ou en rosace (le rosier, le poirier). La potentille-tormentille, qui a quatre pétales en croix, est une rosacée, parce que l'onglet des pétales est très-court, et qu'elle a plus de six étamines;

Caryophyllée (pl. IV , fig. 11), lorsqu'elle est composée de cinq pétales disposés en rose, mais dont les onglets sont fort longs et cachés dans le tube du calice (l'œillet, le siléné).

4° La corolle polypétale irrégulière offre beaucoup de formes diverses parmi lesquelles on distingue seulement celle dite *papillonacée* (pl. IV , fig. 14), dont Rousseau a donné une description si aimable et si exacte. Elle est composée de cinq pétales dont le supérieur, plus grand, est nommé *étendard* (pl. IV , fig. 14 *a*); les deux latéraux se nomment *ailes* (pl. IV , fig. 14 *b*), et portent souvent à leur naissance deux appendices ; les deux inférieurs sont ordinairement soudés en un seul nommé *carène* (pl. IV , fig. 14 *c*), qui contient presque toujours les organes de la fructification. Les plantes à corolle papillonacée font partie de la famille des légumineuses, contenant en outre des plantes exotiques qui sont apétales, ou dont les pétales sont presque réguliers.

5° Les fleurs dites *composées* ou *synanthérées* sont formées d'un assez grand nombre de petites fleurs réunies dans un involucre commun. Ces petites fleurs peuvent être de deux sortes : les unes, dites *fleurons*, ont une corolle monopétale en forme de tube ou de cornet cylindrique, divisé au sommet en quatre à cinq lobes réguliers (pl. IV, fig. 2 *a*); les autres, dites *demi-fleurons*, ont la corolle un peu tubuleuse à la base, et

déjetée ensuite d'un seul côté en forme de languette plane (pl. IV, fig. 2 *b*). D'après cela, les
synanthérées sont dites *flosculeuses*, lorsqu'elles
sont composées en entier de fleurons (l'artichaut,
le chardon); *demi-flosculeuses*, lorsqu'elles sont
composées en entier de demi-fleurons (la chicorée, la laitue), et *radiées* lorsqu'elles sont composées de fleurons au centre et de demi-fleurons
à la circonférence (la paquerette, l'aster, pl. IV,
fig. 2).

Ce que nous venons de dire s'applique aux
fleurs complètes ou qui ont un calice et une corolle. Nous avons déjà observé, à l'article *calice*,
que, lorsqu'un des deux manquait, quelques
botanistes appelaient cette unique enveloppe, les
uns *calice*, d'autres *corolle*, d'autres, enfin, *périgone* ou *périanthe*.

Des Etamines.

Les *étamines* (pl. IV, fig. 1 *a* et 3 *a*) qui
servent à la fructification se trouvent au milieu
de la corolle; elles sont composées de deux parties, le *filet* et l'*anthère*.

1º Le *filet* (pl. IV, fig. 3 *a*, a) ou support de
l'anthère n'est pas d'une nécessité absolue pour
toutes les fleurs, puisque, dans quelques-unes,
les étamines sont sessiles, dans d'autres elles
sont sessiles et agglomérées. Le filet peut être

cylindrique, *plane* , *dilaté à la base* , *glabre*, *velu*, *fourchu* , *denté* , *dressé* , *incliné*, etc. Chaque filet porte ordinairement une anthère , rarement plusieurs.

2° L'*anthère* (pl. IV , fig. 3 *a*, b), partie essentielle de l'étamine, est un petit sac presque toujours à deux loges, et rempli de poussière fécondante, souvent jaune, appelée *pollen*. L'anthère peut être *oblongue*, *linéaire* , *arrondie* , *en fer de flèche* , etc. Elle peut être attachée au haut du filet par les bords, par la base ou par le sommet. Parvenue à la maturité, l'anthère s'ouvre d'elle-même et répand sur le pistil la poussière fécondante, qui quelquefois aussi s'échappe par des trous ou pores particuliers.

Les étamines sont *libres* ou *distinctes*, quand elles ne sont soudées dans aucune de leurs parties ; *monadelphes* , *diadelphes*, *triadelphes* , *polyadelphes*, selon qu'elles sont soudées par les filets, en un, deux, trois ou plusieurs corps; *syngénèses*, lorsqu'elles sont soudées par les anthères (les synanthérées) ; *connicentes*, lorsque les anthères sont rapprochées, surtout au sommet, mais non soudées (la pomme de terre, la bourrache officinale).

Les étamines sont dites *définies* ou *indéfinies* , selon que leur nombre dépasse ou ne dépasse pas douze ; *didynames* , lorsqu'étant au nombre de quatre, deux sont plus longues (les labiées) ;

tétradynames (pl. IV , fig. 10 *a*), lorsqu'étant au nombre de six, quatre sont plus longues (les crucifères).

Enfin les étamines, considérées dans leur position relativement au pistil, sont dites *hypogynes*, lorsque leurs filets sont attachés au-dessous de l'ovaire ; *périgynes*, autour de l'ovaire ; et *épigynes*, sur l'ovaire.

Du Pistil.

Au milieu de la fleur et des étamines se trouve le *pistil*, autre organe de la fructification (pl. IV, fig. 3 *b*). Il est composé de trois parties : l'*ovaire* qui tient à la fleur (pl. IV, fig. 3 *a*) ; il est surmonté par un filet qu'on appelle *style* (pl. IV, fig. 3 *b*), au haut duquel se trouve une tête qui porte le nom de *stigmate* (pl. IV, fig. 3 *c*).

L'*ovaire*, ou partie inférieure du pistil, est ordinairement sessile, c'est-à-dire fixé à la base de la fleur ; quelquefois il repose sur un amincissement ; il est toujours ovale et renflé, quelquefois divisé intérieurement en plusieurs loges : c'est cette partie de la fleur qui devient le fruit. Nous avons dit, en parlant du calice, que l'ovaire était *libre* lorsqu'il ne faisait pas corps avec le calice, et *adhérent* lorsqu'il y était attaché.

Lorsqu'on ne voit qu'un stigmate et un style au milieu de la fleur, on est presque sûr, en examinant de près, de trouver en-dessous un calice adhérent. Quelquefois l'ovaire est demi-adhérent.

Le *style*, petit tube qui supporte le stigmate, sert de communication pour faire parvenir jusqu'à l'ovaire la poussière fécondante des éta-mines.

Le *stigmate* est très-varié dans ses formes qu'on désigne par des termes déjà connus. Quelquefois il est sessile, c'est-à-dire posé immédiatement sur l'ovaire. Le plus souvent une fleur n'a qu'un pistil, souvent aussi elle en a plu-sieurs.

Du Nectaire.

On appelle ainsi des glandes placées sur le réceptacle et sur l'ovaire, et ayant des sucs particuliers dont nous parlerons ailleurs (1). Dans la *fritillaire*, appelée *couronne impériale*, cette glande est extrêmement apparente ; elle a la forme et la couleur d'une belle perle de nacre. Elle est placée à la base de chaque pétale ; lorsqu'on y porte le doigt, on y prend une goutte d'une liqueur douce très-sucrée. Le nectaire est donc proprement une glande, mais on a aussi donné ce nom à la portion de la fleur qui contient cette glande ; quelques botanistes donnent encore

(1) Voy. pag. 96.

4.

le nom de *nectaire* à certains appendices qui tiennent à la corolle, comme cette belle couronne jaune qui se trouve au milieu des narcisses. Le nectaire est aussi variable dans sa forme que dans sa position ; il est sur l'onglet des pétales et sous la forme d'écailles dans les renonculacées, à la gorge des corolles dans la bourrache, en éperon dans les orchis. La plupart des corolles nectarifères sont parsemées de taches , comme le marronnier d'Inde, etc. Il y a des plantes, comme dans l'ellébore noir , où des botanistes donnent le nom de *nectaires* à de petits cornets placés au bas des étamines, alors ils disent que la fleur est *apétale ;* d'autres donnent à ces petits cornets le nom de *pétales,* alors la fleur n'a pas de nectaire. Pour ne pas se laisser dérouter par ces différentes dénominations, il faut étudier les plantes elles-mêmes ; lorsqu'on en aura bien analysé toutes les parties, on saura assez les reconnaître, quoiqu'elles soient présentées sous des noms différents.

DU FRUIT.

Ces belles et brillantes fleurs que nous avons tant admirées ne durent pas longtemps ; une fois que l'ovaire a reçu la poussière fécondante des étamines, les pétales se flétrissent, se roulent, tombent, et l'éclat des végétaux est passé ; mais nous ne sommes pas au bout des merveilles de la création. Cet ovaire, à peine aperçu dans le moment où la fleur est épanouie, se gonfle, grossit et devient un fruit : ici c'est un pêcher, qui nous présente ses pêches parfumées ; là un poirier, un prunier ; enfin, nous retrouvons tous les goûts, toutes les saveurs. D'autres plantes nous donnent des substances encore plus utiles pour notre nourriture, et alors nous avons un nouveau sujet de nous écrier : *O Eternel ! que les œuvres sont en grand nombre ! Tu les as toutes faites avec sagesse.*

Toutes les plantes ne portent pas des fruits propres à nous servir d'aliments, mais ils ont tous l'utilité de servir à la reproduction de l'espèce, et, sous ce rapport, ils sont d'une absolue nécessité. Dans ces sortes de plantes, on donne vulgairement au fruit le nom de *graine*.

La classification des fruits est encore plus difficile que celle des plantes : on a fait une quantité de subdivisions qui ne font que surcharger la mémoire ; nous nous contenterons d'en donner une idée générale. Le fruit est composé de deux parties essentielles, le *péricarpe* et la *graine*.

Du Péricarpe.

Le *péricarpe* est la partie du fruit qui enveloppe la graine, qui la défend et la protége. Il existe

toujours, quoique dans quelques plantes il s'aper-
çoive à peine, n'étant qu'une enveloppe extrêmement mince, comme dans les graminées, les
labiées, les synanthérées.

Une membrane extérieure sert d'enveloppe au
péricarpe ; une intérieure garnit la cavité dans
laquelle se trouvent les graines. Entre ces deux
membranes se trouve la *chair* du fruit, très-apparente dans quelques espèces, telles que la
pomme, la cerise ; très-resserrée dans d'autres,
mais possédant toujours les vaisseaux qui servent
à la nourriture du fruit. La membrane intérieure
du péricarpe peut devenir osseuse : c'est ce qu'on
voit dans la pêche, l'abricot.

On distingue encore dans le péricarpe :

1º Les *loges* ou cavités qui contiennent les
graines ;

2º Les *valves* ou pièces distinctes qui composent l'extérieur des péricarpes qui s'ouvrent
d'eux-mêmes à la maturité ; la ligne qui les
réunit se nomme *suture ;* elle est saillante ou
rentrante ;

3º Les *cloisons*, qui partagent l'intérieur du
péricarpe en plusieurs loges. Quelquefois ce
sont des prolongements intérieurs du bord des
valves, comme dans l'astragale ; d'autres fois
des appendices des valves, dans les liliacées ;
enfin, des pièces particulières distinctes des valves
(les crucifères) ;

4° Le *placenta* est la partie intérieure du péricarpe où est fixée la graine ; il est pourvu de petites fibres qui transmettent à la graine les sucs qui doivent la nourrir.

La plupart des péricarpes s'ouvrent à la maturité des graines pour les laisser s'échapper, les uns du bas en haut , d'autres du haut en bas ; quelques-uns horizontalement, quelques autres en lançant leurs graines au loin avec une élasticité remarquable.

Il existe une infinité d'espèces de fruits ; on peut les ramener toutes à ces deux , les *fruits secs* et les *fruits charnus.*

Les fruits secs sont *déhiscents* , c'est-à-dire s'ouvrant d'eux-mêmes à la maturité , ou *indéhiscents* , c'est-à-dire ne s'ouvrant pas d'eux-mêmes.

Dans les *déhiscents* on distingue :

La *gousse* ou *légume* (pl. V , fig. 8 et 8 *a*), qui a deux valves appliquées l'une contre l'autre, et portant, le long d'une des sutures, des graines attachées alternativement à l'une et à l'autre des deux valves. Ce fruit est propre aux légumineuses. Quelques gousses, comme celles de l'acacia, qui fournit la gomme , ont des étranglements entre chaque graine et sont appelées à cause de cela *gousses articulées* (pl. V , fig. 7).

La *silique* (pl. V, fig. 1 et 2), qui a deux valves appliquées l'une contre l'autre, à deux loges formées par une cloison ordinairement longitudinale, à graines attachées alternativement sur les deux sutures. Ce fruit est propre aux crucifères. Lorsqu'il n'est pas quatre fois aussi long que large, on le nomme *silicule* (pl. V, fig. 3). La silicule ne renferme qu'un petit nombre de graines ;

La *capsule* (pl. V, fig. 4, 5, 6 et 13), enveloppe charnue avant sa maturité, qui devient sèche en mûrissant, et dont les valves souvent laissent échapper les graines. Dans le pavot (pl. V, fig. 13) et le muflier, les graines s'échappent par des ouvertures qui sont au sommet de la capsule ; dans les caryophyllées (pl. V, fig. 5), les dents du haut de la capsule s'écartent et laissent passer les graines. Les capsules contiennent une ou plusieurs graines, et ont deux ou plusieurs valves.

On peut aussi comprendre sous le nom de capsules presque tous les fruits secs ne s'ouvrant pas d'eux-mêmes. Ainsi l'on décrit le fruit de l'érable comme formé par deux capsules à une graine terminée par une aile membraneuse (pl. V, fig. 6).

Les fruits des synanthérées (pl. V, fig. 12), et de quelques apocynées (pl. V, fig. 14 et 14 *a*), sont surmontés *d'aigrettes* ; ce sont de petites houppes de poils qui offrent un aspect élégant et donnent aux graines une telle légèreté qu'elles sont emportées par le moindre vent. Lorsque les poils qui composent l'aigrette sont simples, elle est dite *simple*; s'ils sont bordés de barbe, elle est dite *plumeuse*; enfin s'ils sont rameux, elle est dite *rameuse*.

Plusieurs auteurs conservent le nom de graines, quoiqu'inexact, pour désigner les fruits à graines nues, tels que ceux des synanthérées. Ils décrivent aussi le fruit des ombellifères comme formé de deux graines adossées se séparant de la base au sommet (pl. V, fig. 11 et 11 *a*).

1º Parmi les fruits indéhiscents on distingue :

La *noix*, ou fruit dur, presque osseux, ne contenant qu'une ou un très-petit nombre de graines (les borraginées);

Le *gland*, ou fruit dur, presque ligneux, à une loge, à une graine, renfermé en totalité ou en partie dans une espèce de capsule écailleuse (le chêne).

2º Parmi les fruits charnus on distingue :

La *baie* (pl. V, fig. 9 et 9 *a*), ou fruit ordinairement arrondi et sans valve, formé d'une pulpe molle et succulente à sa maturité, dans laquelle sont placées les graines (le raisin, la tomate). Lorsque le fruit est formé de la réunion de plusieurs baies, comme la mûre, on lui donne le nom de *sorose*. Le fruit des cucurbitacées est une baie à écorce dure (pl. V, fig. 10 et 10 *a*);

La *pomme* (pl. V, fig. 17 et 17 *a*), ou fruit à pepin, couronné par les lobes du calice et contenant une espèce de capsule cartilagineuse, dans laquelle sont les graines ou pepins (pl. V, fig. 17 *a*).

On donne le nom de *fruits à noyau* (pl. V, fig. 15 et 15 *a*) aux fruits charnus renfermant une amande (pl. V, fig. 15 *a*) recouverte d'une enveloppe osseuse (la cerise).

Il y a encore dans les fruits secs et les charnus les *fruits composés*, parmi lesquels on distingue:

Le *cône* ou *strobile* (pl. V, fig. 16 et 16 *a*), composé d'écailles imbriquées et attachées à un axe commun, prolongement du rameau. Il est oblong dans le sapin (pl. V, fig. 16), et arrondi dans le cyprès (pl. V, fig. 16 *a*);

Le *sycône*, fruit fermé, ovoïde, contenant une multitude de petites drupes ou petits fruits qui proviennent d'autant de fleurs femelles (le figuier).

De la Graine.

La graine contient le germe d'une nouvelle plante semblable à celle qui l'a produite. Elle est renfermée dans le péricarpe et attachée au placenta par un petit filet ou *cordon ombilical* ; le point de la graine où ce cordon aboutit se nomme *hile* ou *ombilic* ; le côté où est l'ombilic est regardé comme la base de la graine ; le côté opposé en est le sommet.

Dans la graine on distingue les *téguments* et l'*amande*.

Les *téguments* sont au nombre de deux : le *test*, qui est la tunique extérieure, et la *membrane interne*, qui est très-mince, souvent à peine visible et plus ou moins adhérente au test.

L'*amande* n'est autre chose que l'*embryon*, accompagné, dans certaines familles, d'un corps particulier nommé *périsperme*, assez semblable au blanc d'œuf, et qui paraît destiné à la nourriture de l'embryon avant la germination.

L'*embryon* est l'organe le plus essentiel de la graine ; il est composé de trois parties distinctes: la *radicule*, la *plumule* et les *cotylédons*.

1° La *radicule* est la partie de l'embryon qui est tournée vers l'extérieur de la tige et qui contient les rudiments de la racine. Elle sort la première des téguments, se porte toujours du côté de la terre et y pompe les sucs qui doivent nourrir la plante ;

2° La *plumule* se dirige toujours vers le ciel et devient les tiges et les rameaux de la plante. Elle porte les cotylédons; ce n'est qu'au-dessus de l'insertion des cotylédons qu'elle prend le nom de tige ;

3° Les *cotylédons*, ou rudiments des premières

feuilles, sont des corps spongieux et blanchâtres qui nourrissent la jeune plante au moment de la germination. Lorsqu'ils sont cachés sous la terre, ils sont étiolés ; mais à mesure qu'ils viennent à l'air, ils grandissent, verdissent et forment les *feuilles séminales*. D'autres fois ils se dessèchent et meurent après avoir rempli leur fonction de nourrir la jeune plante jusqu'au moment où ses racines sont devenues assez fortes pour tirer elles-mêmes les sucs nourriciers de la terre.

Il y a des plantes qui n'ont qu'un cotylédon et qui prennent, à cause de cela, le nom de *mono-cotylédones*. Dans celles-ci le cotylédon sort toujours d'un côté de la graine et forme une feuille ordinairement embrassante ; on peut le voir aisément dans un grain de blé au moment de sa germination. D'autres plantes ont deux cotylédons et sont nommées *dicotylédones.* En examinant, par exemple, un haricot au moment de la germination, on verra les deux cotylédons bien marqués. Ces cotylédons, qu'on appelle aussi quelquefois *lobes*, sont simples, très-rarement découpés. Il y a aussi des plantes privées de cotylédons ; au moins on n'a pu encore parvenir à les apercevoir. Cette privation les a fait nommer *acotylédones*; ce sont les *cryptogames*.

Pour que la germination ait lieu, il faut que les graines soient déposées dans la terre, que l'eau les gonfle et les dilate, que la chaleur anime l'embryon, que l'air le vivifie ; alors les enveloppes se déchirent, la radicule s'enfonce dans la terre, la plumule s'élève vers le ciel, et la graine devient une nouvelle plante (Voy. pl. IV pour les dénominations qui se rapportent aux fruits).

SECONDE PARTIE.

PHYSIOLOGIE.

—————

Après avoir, dans la première partie de nos leçons, donné une idée de la structure des plantes et de leurs organes, nous nous occuperons, dans cette seconde partie, des phénomènes que présentent ces mêmes organes dans leurs fonctions vitales. C'est ce qu'on appelle *physiologie* ou *physique végétale.*

Si jusqu'ici nous avons trouvé tant de sujets d'admiration en considérant les organes des plantes dans un état d'inertie, nous en trouverons bien davantage en les voyant dans un état de vie ; mais cette partie offre plus de difficultés, comme se liant en plusieurs points à la chimie et à la physique ; c'est pourquoi nous ne ferons qu'indiquer brièvement les phénomènes, et le plus clairement qu'il nous sera possible.

FLUIDES DES VÉGÉTAUX.

Sève et Sucs propres.

C'est Dieu qui, comme cause première, donne la vie aux végétaux ainsi qu'à toutes choses ; mais il emploie dans sa sagesse des causes secondes, et ce sont ces causes que nous allons tâcher de faire connaître.

Les fluides qui circulent dans les végétaux sont ce qui leur procure cette vie. Pour nous faire une idée de la formation de ces fluides, il faut préalablement nous rappeler que les deux parties de la plante existent dans deux milieux différents : la racine se trouve dans la terre, le reste de la plante dans l'air. Or ces circonstances modifient les organes ; ce qui le prouve, c'est que la racine exposée à l'air pousse des branches et des feuilles, et que les branches mises dans la terre produisent des racines.

Jusqu'ici on a distingué dans les végétaux deux sortes de fluides, la *sève* et les *sucs propres*. La différence de ces fluides vient de deux causes : 1º de la qualité des éléments que les plantes aspirent ; 2º des organes qui remplissent la fonction d'aspirer.

Les organes de la racine sont disposés d'une manière particulière : ils ont des ramifications à l'infini, se terminent par des filets capillaires, munis à leur extrémité de très-petits pores qu'on a nommés *spongioles* ; c'est donc par ces pores et non par une surface plane, comme les feuilles, qu'ils pompent les sucs alimentaires.

Cette fonction s'exécute dans le sein de la terre où la lumière ne pénètre pas, où l'air n'arrive qu'en très-petite quantité, mais où se trouve concentrée la chaleur des rayons solaires et où il y a surtout beaucoup d'humidité. Là, les fibrilles des racines se développent sans obstacles ; ces petits corps spongieux absorbent continuellement l'humidité et la transmettent à la plante où elle se convertit en une eau claire, limpide, presque sans saveur, à laquelle on a donné le nom de *sève* ; elle monte dans toutes les parties du végétal, d'abord sans mélange des *sucs propres*, qui, comme nous le verrons plus tard, viennent des feuilles, et n'existent qu'à mesure que celles-ci se développent.

Les organes de la plante aérienne étant exposés à la lumière et à l'air avaient besoin d'une modification analogue ; aussi voyons-nous les fibrilles s'étendre en nervures unies par le parenchyme, présenter une surface plane, percée d'une infinité de pores, remplir ainsi leurs fonctions absorbantes en s'emparant de la chaleur et des fluides dissous dans l'atmosphère , et former par ce moyen un autre fluide auquel on a donné le nom de *sucs propres*, parce qu'ils diffèrent selon les espèces de plantes ; ils se préparent dans les feuilles et descendent par les rameaux. On peut donc dire, pour se former une idée de cette opération, que les racines fournissent la *sève pure* ou *ascendante*, tandis que les feuilles sont les organes des *sucs propres* ou de la *sève descendante*. La sève *ascendante* monte par les vaisseaux de l'étui médullaire et du bois, et la sève *descendante* revient, par l'écorce, chargée des sucs propres qu'elle porte jusqu'aux racines.

Sécrétions. — Excrétions.

On entend par *sécrétions* toutes les substances particulières qui diffèrent de la sève et des sucs propres. Il faut regarder comme sécrétions ces vésicules remplies d'huile qui se trouvent sur les feuilles, l'écorce des fruits et les tiges ; les liqueurs mielleuses renfermées dans les nectaires; les gommes, les résines, le lait, les matières sucrées, telles que la manne , etc. La plus remarquable de ces sécrétions a reçu le nom de *cambium*.

Le *cambium* est une substance mucilagineuse, sans saveur ni odeur, assez semblable à la gomme ; il se forme abondamment , surtout en été , entre l'écorce et le bois.

Il paraît destiné à se convertir en matière végétale ; on lui attribue la formation des nouvelles couches d'aubier ; c'est l'opinion de plusieurs habiles physiologistes. Il ne coule point dans des vaisseaux particuliers, mais il transsude par des membranes. Il paraît partout où va s'opérer un développement de boutons, branches, feuilles, etc. On peut appeler le cambium un tissu végétal fluide, et tout porte à croire que ce mucilage contient déjà les linéaments d'une nouvelle organisation.

Le *lait végétal*, que nous avons indiqué comme une des sécrétions des plantes , mérite que nous en disions quelque chose de plus particulier.

On en distingue trois espèces :

Le premier contient de l'opium ; il est sécrété par le pavot, la laitue et quelques autres plantes. Il prend quelquefois une couleur rougeâtre , mais ordinairement il est blanc.

Le second est le *caoutchouc*, ou gomme élastique, dont on fait à présent un usage si étendu et si varié, et que son impénétrabilité à l'air et à l'eau rend d'un si grand prix.

Lorsqu'il nous parvient, il est solide et noir; mais, dans son état naturel, il est blanc et liquide. On l'obtient de plusieurs espèces d'arbres des tropiques, surtout de celui nommé *hevea* par les habitans du nord-est de Quito; on le nomme aussi *médecinier élastique* et enfin *caoutchouc*, parce que c'est l'arbre qui fournit le plus de cette matière. On fait une incision au tronc auquel on attache des moules de terre en forme de bouteilles, le caoutchouc coule par-dessus et s'y attache à cause de sa nature glutineuse. Lorsqu'il est séché et durci à l'air, on frappe dessus et on brise le moule, qui, ainsi pulvérisé, tombe et laisse la gomme élastique seule et telle qu'on la livre au commerce. Elle nous arrive donc dans un état de solidité. Pour la rendre liquide, on a employé l'éther, mais ce moyen étant trop dispendieux, on l'a remplacé par un mélange d'huile grasse et d'huile de camphre, en y ajoutant de l'huile de lin et de térébenthine ; on en fait un vernis qu'on étend avec un pinceau sur de l'étoffe qui ainsi devient imperméable et sert à différents usages ; on en fait des coussins, des matelas, etc., qu'on gonfle d'air.

La troisième espèce de lait végétal est fournie par un arbre d'Amérique de la famille des sapotilliers. Il ressemble au lait de vache ; les habitants boivent ce lait qu'ils trouvent très-bon et très-nourrissant. Pourrions-nous ici ne pas nous arrêter pour remercier ce Dieu si bon et si abondant en moyens, qui, pour le bien de l'homme, supplée à ce qui manque dans tel ou tel climat? Ainsi, dans ces régions brûlées par un soleil si ardent qu'elles ne fournissent aucun pâturage , on aurait été privé du lait, cette nourriture sa—lubre et rafraîchissante; alors Dieu a fait croître dans ces pays un arbre qui donne le lait, fourni ailleurs par les bestiaux. Plus nous connaîtrons en détail les œuvres du Tout—Puissant , plus nous aurons de sujets d'admiration et de re-connaissance.

Les végétaux absorbant par leurs différents organes une grande quantité de sucs nourriciers, cette trop grande abondance leur serait nuisible, et produirait sur eux le même effet que la trop grande quantité d'humeurs produit sur les ani-maux ; mais cela aussi a été prévu, et il existe dans l'écorce et sur les feuilles des issues par où s'échappe la surabondance des sucs , ce qui cor-respond à la transpiration insensible chez les animaux.

Cette opération a été nommée *excrétion* ; tan-tôt ce sont des déjections *liquides* ou *concrètes* , tantôt des déperditions *vaporeuses* ou *gazeuses*.

Ces déjections sont des fluides plus ou moins épais , rejetés en dehors par la force de la végé-tation. Dans le rosier, des sucs visqueux s'échap-pent par l'extrémité des poils. Dans le tilleul , le saule, l'érable, le figuier, etc. , des glandes à godet placées sur les pétioles distillent des sucs de différentes espèces. Dans d'autres, ce sont les pores des feuilles qui rejettent ces liqueurs ; on en a un exemple dans les feuilles du frêne, qui se couvrent entièrement d'un suc sucré. Enfin chaque plante a des déjections dont le goût et la nature varient.

Cette poussière glauque (c'est-à-dire vert-bleuâtre), qui couvre la surface des tiges, des feuilles, et même le fruit de certaines plantes, doit être attribuée aux déjections végétales; c'est une matière analogue à la cire, impénétrable à l'eau. La prune en est couverte ; si on l'enlève par le frottement, elle s'y reproduit assez vite, tandis que dans d'autres plantes elle ne revient plus si une fois on l'a ôtée. Les feuilles de quelques végétaux, entre autres du framboisier, sont glauques à cause d'une multitude de petits poils qui ne sont visibles qu'au microscope. Ces petits poils retiennent entre eux des bulles d'air qui empêchent l'eau de pénétrer jusqu'aux feuilles et aux fruits qui en sont pourvus. C'est encore un des soins de la Providence pour préserver les fruits charnus et délicats de l'humidité qui leur ferait beaucoup de mal.

La transpiration aqueuse est la déperdition la plus habituelle des végétaux : c'est de l'eau vaporisée, mêlée à un petit nombre d'autres principes solubles dans l'eau. Tout le monde peut avoir remarqué dans la belle saison ces gouttes d'eau qui sont sur les plantes ; les graminées en ont une goutte à l'extrémité de chaque feuille ;

les feuilles de capucines en portent cinq , une à l'extrémité de chacune de leurs cinq nervures. On attribuait et on attribue encore généralement ces gouttes d'eau à la rosée, mais les botanistes modernes ont prouvé que cette eau n'est autre chose que la transpiration végétale condensée par la fraîcheur de la nuit. Les plantes transpirent plus abondamment dans un lieu chaud et sec que dans un lieu froid et humide.

Il y a aussi des *excrétions gazeuses*, parmi lesquelles on remarque celles des fleurs de la fraxinelle, qui s'enflamment rapidement à la fin des beaux jours d'été. Si l'on en approche une lumière , on jouit du spectacle surprenant de voir ces jolies fleurs roses entourées de feu, sans que leur fraîcheur en soit altérée.

Les émanations des corolles sont encore des excrétions invisibles, mais très-sensibles à l'odorat. Un grand nombre flattent agréablement cet organe , mais elles ébranlent les nerfs et peuvent souvent faire du mal; c'est pourquoi elles passent presque toutes lorsque la corolle se fane. Les émanations des tiges et des feuilles sont au contraire fort utiles ; aussi les tiges et les feuilles tout à fait sèches conservent-elles encore leur odeur.

DES FEUILLES.

De leurs Fonctions.

Il faut se rappeler ce que nous avons dit des feuilles , qu'elles sont comme une expansion particulière des rameaux , et composées de nervures réunies par le parenchyme. La surface extérieure qui recouvre les cellules qui le composent se durcit à l'air , et se nomme *épiderme.* Toutes les nervures se terminent à la surface de la feuille par un pore appelé *stomate* , mot grec qui signifie *bouche.*

Ainsi organisées , il ne manquait aux feuilles que d'être placées de la manière la plus convenable pour remplir leurs importantes fonctions. Bonnet a fait sur ce sujet des expériences et des observations pleines d'intérêt et de sagacité. Les feuilles, placées pour la plupart dans une position horizontale, présentent à l'air libre leur surface supérieure, et à la terre leur surface inférieure; position qui leur est tellement nécessaire que, si on couche les rameaux d'une plante quelconque, les feuilles se retourneront pour que leur surface inférieure soit tournée vers la terre, et leur surface supérieure vers le soleil. Dans plusieurs espèces de plantes herbacées , telles que les mauves, les feuilles suivent le cours du soleil : le matin, leur surface supérieure est tournée du côté du levant; à midi, du côté du midi, et le soir, vers le couchant. Dans l'acacia, toutes les folioles tendent à se rapprocher le jour par leur surface supérieure, et elles forment une gouttière tournée vers le soleil ; le soir, par un mouvement inverse, elles forment une gouttière tournée vers la terre.

Quoique ce mécanisme admirable offre bien des mystères qui nous sont inconnus, on aperçoit cependant leur fin principale, grâces aux expériences de différents physiologistes, et en particulier à celles de Bonnet dont nous avons déjà parlé. Les feuilles sont, comme les racines, destinées à absorber les sucs nourriciers qui doivent alimenter la plante. C'est la rosée et l'humidité qui s'élève de la terre qui paraît être le principal fond de cette nourriture aérienne ; aussi la surface inférieure des feuilles est-elle d'un vert plus pâle, hérissée de poils, garnie de nervures plus relevées ; en un mot, elles sont conformées de la manière la plus convenable pour que cette absorption puisse avoir lieu. La surface supérieure, au contraire, plus lisse et sans nervures saillantes, est plus propre aux excrétions et à pomper le calorique et la lumière.

Les stomates dont nous avons parlé sont les

organes qui servent à *la respiration* et à l'*aspiration* des feuilles. On peut se servir de ces mots, car réellement les feuilles sont des espèces de poumons dans lesquels s'élaborent les fluides contenus dans le végétal, qui y subissent, par le contact de l'air ambiant, un changement qui les rend propres à la nutrition.

Une remarque à faire, c'est que les feuilles sont toujours disposées de manière à ce que l'une ne couvre pas entièrement l'autre, ce qui leur porterait préjudice en interceptant l'air et la lumière.

Tout ce qui a vie a besoin de mouvement pour entretenir et augmenter cette vie. Si les plantes en étaient privées, elles languiraient et finiraient par périr ; mais n'ayant pas la faculté de changer de place, comment auront-elles cette alternative de mouvement et de repos qui leur est nécessaire ? Elles l'auront par les soins de la bonne Providence, qui envoie de l'air, du vent pour balancer les feuilles, qui dans les végétaux sont l'organe du mouvement. Attachées à des pétioles en général longs et flexibles, elles sont aisément agitées : cette espèce d'exercice les fortifie, et l'on remarque que les plantes les plus exposées au vent sont aussi les plus fortes.

Les feuilles si utiles aux végétaux le sont aussi pour nous. L'air atmosphérique tend sans cesse à se gâter par des exhalaisons putrides et par notre propre respiration ; les feuilles absor-

bent ces principes non respirables, et les décomposent par un travail tout à fait contraire au
nôtre; et ainsi, par une compensation profondément admirable, elles nous rendent en oxygène
ou air vital ce que nous leur avions donné en air
vicié et mortel. C'est à cause de cela que, dans
des pays où l'air était malsain, on est parvenu
à le rendre salubre par des plantations d'arbres.

Veille et sommeil des plantes.

C'est au génie observateur de Linnée que nous
devons cette découverte intéressante. Il crut
apercevoir ce phénomène sur un lotus. Soupçon-
nant que ce n'était pas un fait isolé, il veut éclair-
cir ses doutes, il s'arrache au sommeil, va passer
les nuits dans son jardin, et acquiert bientôt la
certitude de ce phénomène qu'il nomme *sommeil des plantes*. Une quantité de faits vinrent lui
en confirmer l'existence : il vit que la position
des feuilles changeait tellement pendant la nuit,
qu'il devenait très-difficile de les reconnaître à
leur port. Il a démontré que l'absence de la
lumière était une des principales causes de ce
sommeil.

Ce sommeil est un moyen que le créateur emploie pour protéger les plantes, durant la nuit,
contre les injures de l'air. Cela se reconnaît aisément en examinant les différentes positions que

prennent alors les feuilles. Et qui n'admirerait ici les soins attentifs de cette sage Providence ? Les unes enveloppent la tige pour défendre le jeune bouton qui se trouve à l'aisselle ; d'autres forment un entonnoir qui enferme les jeunes pousses; d'autres s'abaissent et forment une voûte pour garantir les fleurs inférieures. Quand le soleil se lève, les feuilles de l'acacia s'étendent horizontalement ; à mesure que la chaleur augmente, elles se redressent; et à midi, leur pointe est tournée vers le ciel; lorsque le soleil décline, elles s'abaissent, et la nuit elles sont tout à fait pendantes. Le contraire a lieu dans le baguenaudier. Les folioles de la casse du Maryland sont plus remarquables encore. Aux approches de la nuit, elles s'abaissent en tournant sur leur articulation, de sorte que les deux folioles de chaque paire s'appliquent l'une contre l'autre, non par leur face inférieure, mais par leur face supérieure.

Linnée a donné de grands détails sur cet intéressant sujet; mais nous en resterons là, ayant besoin de nous resserrer. Tous ces mouvements sont d'autant plus remarquables que, dans plusieurs espèces, on romprait les pétioles, si l'on voulait, pendant le jour, les mettre dans la même position qu'elles prennent naturellement la nuit.

Les heures du sommeil et de la veille sont toujours régulières, et Linnée avait eu l'ingénieuse idée de faire une *horloge de Flore*, qui marquait, soit par les feuilles, soit par les fleurs s'ouvrant et se fermant, les heures du jour et de la nuit.

Il faut remarquer ici que quelques feuilles ont un mouvement indépendant du sommeil et de la veille. Tout le monde connaît la *sensitive* dont les feuilles se ferment et les rameaux s'abaissent au moindre attouchement. Une plante de l'Amérique septentrionale, connue sous le nom d'*attrape-mouche* (dionæa-muscipula), offre un phénomène bien singulier qui tient à la constitution de ses feuilles. Elles sont divisées au sommet en deux lobes réunis à la nervure du milieu par une charnière. Aussitôt qu'on touche la surface, ces lobes se ferment et croisent les longs cils qui les bordent ; si donc une mouche ou tout autre insecte vient s'y poser, les lobes se ferment, l'imprudent se trouve pris, et plus il fait d'efforts pour se dégager, plus il est étroitement serré, parce que ces mouvements font contracter davantage les feuilles ; on les romprait plutôt que de les forcer à s'ouvrir.

Les *drosera rotundifolia* (à feuilles rondes) et *angustifolia* (à feuilles étroites), qui croissent dans la vallée de Montmorency, au bord de l'étang de Saint-Gratien, ferment leurs feuilles comme des bourses, et méritent, ainsi que la *dionæa*, le surnom d'*attrape-mouche*.

Le *népenthe*, qui se trouve dans les Indes, offre

un phénomène plus remarquable encore. La nervure du milieu de ses feuilles se prolonge, se redresse, et est terminée par une espèce de petite urne fermée par un couvercle à charnière. Cette urne se remplit d'une eau douce et limpide, qui distille de son intérieur : la quantité en diminue le jour et en augmente la nuit ; le couvercle s'ouvre et se ferme à différentes époques, selon l'état de l'atmosphère.

L'*hedysarum girans*, plante du Bengale, découverte par mylady Monson, a des feuilles composées de trois folioles : l'une est grande et terminale ; les deux autres sont petites et latérales ; la grande n'a qu'un mouvement comme sur des charnières ; les autres l'ont aussi, et de plus un mouvement de torsion qui s'exécute sans aucun stimulant extérieur. Elles tournent continuellement sur leurs charnières ; leurs mouvements sont brusques et irréguliers ; en même temps qu'elles se meuvent de haut en bas, elles se rapprochent ou s'éloignent de la grande foliole. Quelquefois l'une est en repos tandis que l'autre s'agite. Cette sensibilité est indépendante de la plante-mère, car la feuille détachée de la tige continue à en donner des marques ; chaque foliole, même fixée par son pétiole particulier sur la pointe d'une aiguille, continue à se balancer.

Durée et chute des feuilles.

Les feuilles sont un des plus beaux ornements
des végétaux ; ce n'est cependant pas pour l'agrément seul qu'elles ont été créées, nous venons
de voir qu'elles sont des organes alimentaires et
protecteurs. Une fois le fruit parvenu à sa maturité, et le végétal ayant acquis tout son développement, elles ne sont plus nécessaires. Dès lors
leurs fonctions cessent, la sève ne leur parvient
plus, les pétioles perdent leurs forces, la couleur
fraîche et verte disparaît : les unes prennent
une teinte rouge, d'autres jaune ; elles tombent, et nous sommes avertis que l'hiver approche et que les frimas vont couvrir la terre.
Ce spectacle n'est pas riant et plein d'espérance
comme l'entrée du printemps, mais il offre un
genre d'intérêt plus touchant peut-être par la
mélancolie qu'il inspire.

Cette remarque, que les feuilles tombent lorsqu'elles cessent d'être utiles au végétal, soit pour
lui-même, soit surtout pour le fruit, peut nous
expliquer pourquoi quelques arbres conservent
toujours leurs feuilles, c'est-à-dire ne les perdent
que lorsqu'elles sont remplacées par d'autres.
Ces arbres ont des fruits qui ne mûrissent pas
dans la même saison : les orangers ont toujours
des fruits ; ceux du pin et du sapin ne mûrissent

que la seconde année; les feuilles leur sont donc nécessaires, et aussi elles ne subissent point la loi commune aux autres, de périr chaque automne.

Jusque dans leur décomposition, les feuilles sont encore utiles aux végétaux: elles deviennent un engrais pour la terre ; elles protégent les graines qui doivent pousser au printemps suivant.

Ce que nous avons dit de la durée et de la chute des feuilles regarde les arbres ; quant aux plantes herbacées, les feuilles et la plante même périssent dans l'année, après que la plante a donné son fruit.

FÉCONDATION DES PLANTES ET PHÉNOMÈNES QUI L'ACCOMPAGNENT.

Au moment où les fleurs sont dans tout leur éclat, où leur corolle brille des plus belles couleurs et laisse apercevoir, en s'entr'ouvrant, les étamines et le pistil destinés à former les fruits qui doivent donner une nouvelle plante, à ce moment, dis-je, on peut observer de nouveaux phénomènes qui offrent un aussi haut degré d'intérêt que celui que nous ont présenté les sucs et les feuilles.

Nous avons expliqué ce que c'est que les étamines et le pistil ; voyons-les maintenant remplissant leurs importantes fonctions, et doués pour cela de mouvement et de vie.

Pour que le fruit se forme, il faut que le *pollen* ou poussière fécondante, contenue dans l'anthère, tombe sur le stigmate et aille dans l'ovaire, qui se change alors en un fruit (1). Le pistil ou les pistils occupent ordinairement le centre de la fleur, et les étamines sont rangées autour, à une certaine distance. Lorsque le moment est venu où le germe du fruit, contenu dans le pollen, doit être déposé dans l'ovaire, il s'exécute dans chaque fleur un certain mouvement plus ou moins sensible, qui tend à rapprocher les étamines du pistil ; ces mouvements sont différents selon les diverses positions des étamines et du pistil, et ils ont lieu avec un ordre, une régularité vraiment admirables et qui montrent d'une manière palpable que le créateur veille à tout, et n'a point abandonné au hasard l'œuvre de ses mains, après l'avoir fait sortir du néant.

Le champ qui se présente ici à nous est si vaste, que nous ne pouvons espérer d'en parcourir qu'une bien petite partie ; aussi nous bornerons-nous à faire connaître ce qui se passe dans quelques plantes, afin de donner une idée

(1) Rappelons-nous qu'en botanique on appelle *fruit* toute graine qui doit produire une plante, que cette graine soit ou non bonne à manger.

de ces phénomènes qu'on pourra ensuite étudier plus en détail dans les livres, ou mieux encore dans la nature.

Dans le lis de Saint-Jacques (*amaryllis formosissima*), on remarque qu'avant la fécondation les anthères de ces plantes sont fixées le long de leurs filets, parallèlement au style; dès le moment où elles commencent à s'ouvrir, elles prennent une situation horizontale, tournent sur leur filet comme sur un pivot, pour présenter au stigmate le point par où la poussière fructifiante s'échappe; une fois que le pistil a recueilli toute cette poussière, le mouvement cesse.

Les étamines des saxifrages ont aussi un mouvement bien marqué; elles s'approchent deux à deux du stigmate, répandent sur lui leur pollen, et ensuite reprennent leur place. Ce mécanisme dure jusqu'à ce que toutes les étamines se soient à leur tour approchées du stigmate et aient repris leur première position.

Dans d'autres, telles que les scrofulaires, c'est le style qui s'abaisse en recourbant son filet; il reçoit la poussière et reprend sa place.

Aucun mouvement n'a lieu dans la couronne impériale et autres plantes de la même espèce. En examinant l'intérieur de la fleur, nous verrons que ce mouvement n'était pas nécessaire; les étamines sont naturellement rapprochées du pistil, le stigmate les surpasse en longueur, et les fleurs étant pendantes, le pistil reçoit tout le pollen; mais aussitôt que les anthères sont vidées, le pédoncule se redresse et l'ovaire devient vertical.

Nous pourrions multiplier ces exemples à l'infini, et nous verrions toujours une abondance de moyens employés avec une parfaite sagesse, et tous appropriés à la structure et à la destination de la fleur. Nous en citerons encore un pris parmi les plantes aquatiques, c'est la *Vallisneria*, maintenant bien connue, mais qu'on ne se lasse point d'admirer. Ses fleurs sont dioïques et s'épanouissent au fond de l'eau; celles à étamines sont portées sur une hampe très-courte et qui ne peut s'allonger, tandis que les fleurs à pistils sont portées sur une hampe longue et roulée en spirale sur elle-même. Lorsque les étamines sont prêtes à lancer leur pollen, chaque fleur qui les porte se détache de la plante, et, libre de toute entrave, vient flotter au-dessus de l'eau; à la même époque, la fleur à pistil déroule sa longue hampe, qui se raccourcissant ou s'allongeant à mesure que l'eau s'élève ou s'abaisse, la maintient toujours à la surface de l'eau dont le mouvement fait bientôt rencontrer les deux espèces de fleurs; le pistil reçoit la poussière des étamines, et, aussitôt après, la spirale se roule de nouveau, la fleur redescend au fond de l'eau, où le fruit croît et mûrit.

Dans d'autres plantes dont les fleurs à pistils

et celles à étamines sont sur des individus séparés, les vents, les insectes transportent la poussière et produisent ainsi la fécondation. Il peut aussi y avoir d'autres moyens qui nous sont inconnus ; mais, avec ce que nous connaissons, nous pouvons nous faire une idée de l'ordre et de la sagesse qui règnent dans les œuvres de Dieu ; nous pouvons admirer surtout combien ses soins s'étendent aux plus petites choses, et comprendre par là que notre confiance en lui doit être sans bornes , comme le sont sa bonté et sa prévoyance.

Des différentes formes et des différentes positions du même organe dans les fleurs.

La grande variété que nous remarquons dans les corolles nous charme, et nous serions tentés de croire que cette variété n'a d'autre but que le plaisir de nos yeux. Une attention plus réfléchie nous fera voir que le créateur a su en cela, comme en tant d'autres choses, réunir l'utilité à l'agrément; ainsi ces différentes dispositions, loin d'être un simple jeu, sont parfaitement combinées pour conserver les fleurs, assurer leur reproduction; elles sont en rapport avec les divers organes des fleurs. Examinons-en quelques-unes, et ce que nous apprendrons nous donnera envie de continuer nos recherches, car c'est le point de vue le plus intéressant de l'étude des plantes, puisqu'il nous fait entrer en quelque sorte dans le plan de l'Intelligence suprême. C'est ainsi que le véritable botaniste s'occupe des végétaux ; les autres ne sont que des nomenclateurs qui mettent des noms les uns à la suite des autres, mais qui ne savent pas discerner et admirer l'ordre qui règne dans ces aimables productions de la nature.

On distingue des calices tubulés, divisés, inégaux, persistants, etc.; chacune de ces différentes formes est en harmonie avec les autres parties de la fleur ; ainsi les caryophyllées, formées de cinq pétales à longs onglets qui ne tiennent au réceptacle que par un point, ont un calice coriacé et tubulé qui soutient parfaitement les onglets, qui sans lui tomberaient et laisseraient les étamines et le pistil sans enveloppe.

Dans les corolles polypétales et à courts onglets, presque toujours les divisions du calice sont opposées à celles des pétales, parce que, dans ces fleurs, les étamines sont ordinairement placées entre les pétales, et qu'elles ne seraient pas garanties si les sépales ne se trouvaient là.

D'autres fleurs, telles que les pavots et la plupart des crucifères, paraissent moins garanties, mais la fructification s'opère avant l'entier épanouissement des fleurs ; et lorsque les pétales s'ouvrent, l'ovaire n'a déjà plus besoin de leur secours.

Le calice commun des fleurs composées mérite

une attention particulière. Nous prendrons pour exemple le pissenlit ; en choisissant une fleur si commune, nous verrons qu'aucune n'est à dédaigner, et que, pour faire des remarques intéressantes, il ne faut pas aller au loin, mais seulement jeter les yeux sur les végétaux qui nous entourent. Avant la floraison, le calice tient la fleur à l'abri sous ses folioles presqu'imbriquées et très-serrées ; à la floraison, le calice s'épanouit et laisse aux corolles la liberté d'exposer leurs pétales au soleil ; le soir vient-il, et avec lui la fraîcheur et l'humidité, le calice se resserre et met la fleur à l'abri jusqu'à ce que le soleil revenant lui fasse de nouveau retirer ses folioles. Lorsque les graines sont formées, les pétales tombent, mais le calice reste pour protéger les semences, qui ne tenant que peu au réceptacle seraient emportées à la moindre secousse. Il se ferme donc de nouveau et ne s'ouvre plus que lorsque les semences sont parfaitement mûres ; alors, pour ne point gêner leur dissémination, il tient toutes ses folioles rabattues sur le pédoncule, et le réceptacle saillant en dehors se montre chargé de ses semences ornées de leurs élégantes aigrettes, qui sont d'une telle légèreté que le moindre souffle les disperse dans les airs. Alors l'on voit à nu le réceptacle convexe et parsemé de petites alvéoles dans lesquelles les semences étaient fixées par leur base.

Dans quelques fleurs, la partie supérieure de la corolle a son limbe courbé en gouttière, qui garantit de la pluie l'intérieur de la fleur.

Le nénuphar à belles fleurs blanches, ou d'un jaune doré, nous offre un phénomène remarquable : ces fleurs s'ouvrent sur la surface de l'eau, les pétales sont étalés et laissent à découvert les nombreuses étamines qui reçoivent l'action bienfaisante du soleil ; mais, au coucher de cet astre, les fleurs se ferment, se retirent au fond de l'eau pour y passer la nuit et reparaître encore le matin.

Dans les papilionacées, ce beau pétale connu sous le nom d'étendard est là comme un miroir réflecteur pour doubler la chaleur des rayons du soleil, qui sans cela arriveraient trop faibles aux organes de la reproduction si bien enveloppés et cachés dans la carène ; ces fleurs ne se ferment pas la nuit, les étamines et le pistil ne risquant point, par la manière dont ils sont entourés, d'être exposés à l'humidité.

Voilà certes des faits bien intéressants auxquels nous pourrions encore en ajouter une multitude d'autres ; mais nous en avons assez dit pour nous convaincre que rien n'est fait au hasard, qu'au contraire tout est arrangé pour concourir de la manière la plus sûre au but que le créateur s'est proposé.

DES GRAINES.

Nous avons vu, en examinant les graines, avec quel soin est enveloppé le germe de la plante future ; il ne lui manque plus que de se trouver dans des circonstances favorables pour se développer; mais, en attendant ces circonstances, cette graine ne risquera-t-elle pas de s'altérer ? Non ; la même puissance qui a fait produire à la plante la graine lui conserve le principe vital tout le temps nécessaire. Cette suspension du principe de vie est même d'une grande utilité: les semences mûrissent ordinairement à la fin de l'été ou dans l'automne; si la germination suivait immédiatement, les semences qui ne seraient pas en terre périraient, et celles qui seraient en terre fourniraient des plantes qui, n'ayant pas le temps d'acquérir assez de force avant le froid, mourraient toutes pendant l'hiver. Cette observation s'applique au plus grand nombre de plantes; cependant quelques-unes , telles que les graminées, poussent en automne, mais elles sont conservées par un autre moyen, c'est-à-dire qu'elles croissent rapidement et acquièrent ainsi assez de force pour résister au froid pendant lequel la végétation est presque entièrement suspendue. Admirons encore ici la bonté du créateur, qui a donné cette force aux plantes les plus nécessaires à la vie de l'homme : les céréales, et en particulier le blé, sont les végétaux qui résistent le mieux aux rigueurs du froid et qui conviennent le mieux à tous les climats. Les graines conservent non-seulement pendant des années, mais pendant des siècles, leurs facultés germinatives. On en a trouvé qui avaient plusieurs siècles et qui n'avaient éprouvé aucune altération. Girardin a fait germer, il y a peu d'années, des haricots tirés de l'herbier de Tournefort. Cette conservation ne peut avoir lieu que quand les graines se trouvent placées dans un lieu sec où la chaleur est peu élevée. Les graines huileuses, comme celles du hêtre, du noyer, du lin, etc., ne se conservent pas; il faut les semer sitôt qu'elles sont mûres, autrement elles se rancissent et ne peuvent plus germer.

Il y a aussi une grande différence entre les diverses espèces de graines pour le temps qu'elles doivent passer dans la terre avant de pousser.

Les graminées lèvent promptement : il ne faut que vingt-quatre heures au millet, trente-six pour le froment, neuf jours pour le chou, quarante ou cinquante pour le persil, un ou deux ans pour les semences du châtaignier, du rosier, du pêcher. On ne connaît pas les causes de cette grande variété dans les époques de la germination.

Sitôt que les semences ont passé dans la terre le temps convenable, l'embryon, jusqu'alors sans mouvement, se gonfle, se dilate; toute la graine ressent l'action vivifiante de l'humidité et des fluides aériformes; les cotylédons s'humectent, grossissent, leur enveloppe se déchire et donne passage à la plante, qui n'est d'abord qu'une petite tige recourbée que les cotylédons nourrissent de leur substance jusqu'à ce qu'elle ait acquis assez de force pour pouvoir tirer elle-même, par sa racine, les sucs de la terre. La plumule cherche le jour et la lumière, et s'élève vers le ciel, tandis que la radicule cherche le sein de la terre et s'y enfonce. Cette impulsion est tellement irrésistible, qu'aucun obstacle ne saurait l'arrêter, et que si la graine était tournée d'un côté opposé, la radicule, qui se trouverait au-dessus, reprendrait vite la direction qui lui convient, et la plumule se tournerait aussi vers le jour et le grand air. Dans quelques espèces, les cotylédons s'élèvent un peu au-dessus de terre, s'étendent, se dilatent, et deviennent deux feuilles qu'on nomme *séminales*; elles sont destinées à protéger la jeune plante, et sitôt que celle-ci n'a plus besoin de leur secours, elles tombent et se flétrissent.

Dans les dicotylédones, la plante commence toujours par pousser deux feuilles séminales ou autres; dans les monocotylédones, la plante

ı ne s'annonce jamais que par une feuille, et le
ɔ cotylédon reste en terre et ne quitte pas le collet
ɔ de la racine.

Dès que la jeune plante a paru à la surface du
sol, elle acquiert successivement tout son développement, et l'on retrouve en elle toutes les
parties dont nous avons fait la nomenclature
dans nos premières leçons.

Pour que les mêmes espèces de végétaux ne
fussent pas toujours concentrées dans les mêmes
endroits, il fallait pourvoir à la dissémination
des graines, et c'est ce qu'a fait la providence
par des moyens simples et variés; nous en indi-
querons quelques-uns.

Comme tout dans la nature obéit au créateur,
il a pu tout employer, même les choses qui nous
paraîtraient ne pouvoir atteindre le but proposé;
ainsi les vents sont chargés de porter au loin les
graines. Nous reconnaîtrons aisément celles qui
ont été destinées à voyager de cette manière, car
elles ont une conformation tout à fait analogue :
voyez les aigrettes légères qui couronnent les
semences de presque toutes les fleurs composées
(le pissenlit, le chardon); le moindre air les
agite, les enlève et les transporte au loin. Les
semences membraneuses de l'orme, les fruits
ailés des érables, des frênes, des sycomores,
sont aisément emportés par les vents, et vont
germer et croître sur des terrains où ils n'au-

raient jamais pu parvenir sans ce secours. D'autres sont destinés à voyager sur les eaux, ils sont alors renfermés dans des boîtes ligneuses qui voguent aisément, et dans lesquelles la graine, à l'abri de l'humidité, n'a rien à craindre de son séjour sur l'eau, qui est quelquefois long, car on a vu aborder sur les côtes de la Norwége des fruits de l'Amérique, tels que des noix de coco et d'acajou. Ce fut en voyant des plantes et des fruits inconnus à l'ancien continent aborder sur ses plages, que le génie observateur de Christophe Colomb fut conduit à penser qu'il devait exister des terres où ces plantes croissaient; rempli de cette pensée, il surmonta tous les obstacles et tous les dangers, et l'Amérique fut découverte.

Les animaux servent à la dissémination des graines; les uns emportent à leur toison les fruits du sanicle, de la bardane, etc., qui sont armés de pointes recourbées; d'autres, tels que les loirs, les rats, les marmottes, transportent les graines dans leurs terriers pour s'en nourrir, et en abandonnent toujours une partie, qui au printemps lève et croît. Un grand nombre d'oiseaux se nourrissent de baies : ils digèrent la pulpe, mais la graine demeure intacte. C'est ainsi qu'on attribue aux grives le transport des graines de gui sur les arbres, seul endroit où elles puissent germer. Certaines îles où les Hollandais avaient détruit les muscadiers pour se conserver exclusivement ce commerce furent, dit-on, repeuplées de ces arbres par le moyen des oiseaux.

Quelques plantes, telles que la balsamine, lancent et éparpillent leurs graines par le mouvement que fait en s'ouvrant la capsule qui les renferme.

Les semences des végétaux sont très-nombreuses; par ce moyen on est toujours assuré de la conservation des espèces, quand même une portion des graines se perdrait. Selon quelques botanistes, un orme peut fournir en une seule année 529,000 graines; un pied de pavot 32,000, etc.

Les plantes ont encore d'autres moyens de se multiplier, qui sont :

1° Les *drageons*; ce sont des branches qui naissent au collet de la racine et qui peuvent ensuite être transplantées ailleurs;

2° Les *jets*, branches ou tiges secondaires sortant du collet de la racine, et poussant çà et là, d'un côté, des racines; de l'autre, des feuilles;

3° Les *coulants*; ce sont des jets qui, à des distances déterminées, poussent des feuilles et des racines, comme le fraisier;

4° Les *propacules*, espèces de coulants terminés par un bouton à feuilles, susceptibles de prendre racine lorsqu'ils sont séparés de la plante-mère;

5° Les *bulbes* ou *bulbilles*, petits tubercules

susceptibles d'être séparés de la plante-mère et d'en produire une nouvelle.

Il y a aussi des moyens artificiels de multiplication; nous n'en parlerons pas, parce qu'ils appartiennent plutôt à l'art du jardinier qu'à la botanique.

VIE ET MOUVEMENT DES PLANTES.

Les végétaux ont été mis au nombre des êtres qui ont la vie, parce qu'en effet ils remplissent plusieurs des conditions nécessaires pour vivre. Les minéraux n'ont aucune vie : ils se forment et s'augmentent par l'agglomération de parties semblables et par un mode qu'on nomme de *juxta-position* ; ces parties peuvent aussi être séparées sans que le minéral en souffre, seulement sa masse est moins considérable. Les plantes ont un mode d'accroissement appelé d'*intus-susception*, qui est bien différent et qui dénote en elles la vie : elles ont des organes par lesquels elles absorbent les sucs qui leur sont convenables ; elles les décomposent et les changent en leur propre substance ; elles ont des organes reproducteurs qui donnent une semence dans laquelle se trouve contenue en petit une nouvelle plante, qui se développera aussitôt qu'elle sera dans des circonstances favorables. Voilà donc des différences immenses qui se trouvent entre les végétaux et les minéraux. Mais, si nous voulons comparer les plantes aux animaux, nous verrons qu'elles n'ont pas un mode de vivre aussi étendu que celui des animaux. Attachées au sol , elles n'en peuvent bouger , tandis que les animaux vont où ils veulent et cherchent à se procurer leur subsistance; ils ont une volonté, un instinct; les plantes n'ont ni l'un ni l'autre. Elles tirent, il est vrai, leur nourriture de l'air et de la terre , mais leur volonté n'y a aucune part; le tout se fait à leur insu par une force vitale dont elles n'ont pas la conscience, et qui leur a été donnée par le créateur.

Le mouvement est une suite nécessaire de la vie ; aussi, quoique les plantes n'aient pas la faculté de se déplacer elles-mêmes, elles ont des *mouvements*. Nous en avons déjà dit quelque chose en parlant des feuilles ; nous donnerons ici un peu plus de développement à ce sujet.

Il existe dans les végétaux un mouvement général, habituel et uniforme, qui affecte toutes les parties de la plante. Il y a ensuite des mouvements particuliers relatifs à la constitution et aux fonctions de chaque organe , d'autres qui sont dus à la variation de l'atmosphère ou aux divers besoins et à la conservation des végétaux; ces derniers sont momentanés.

L'exposé de ces divers mouvements et la recherche des causes qui les produisent sont une partie très-intéressante de la physiologie ; essayons d'en donner un aperçu rapide.

1º Le mouvement de *développement*. Il commence au moment où la semence donne le premier signe de végétation, et ne cesse qu'à la mort de la plante. Il consiste dans le balancement, c'est-à-dire dans l'ascension et la descente de la sève et des sucs propres ; dans les sécrétions, les excrétions. Les forces vitales sont cause de ce mouvement, de manière à ce que la plante soit nourrie et convertisse ces aliments en substance végétale.

Ce mouvement est habituel, mais très-ralenti dans la mauvaise saison ; c'est au printemps qu'il est le plus fort. Il échappe à notre vue, mais nous en observons aisément les effets dans l'accroissement des branches, le développement des feuilles, des fleurs et des fruits.

2º Le mouvement de *direction*. Il est une suite du précédent, mais il est si varié qu'il mérite une attention particulière. Chaque partie du végétal est soumise à un mouvement de direction qui lui est propre ; nous pouvons le voir aux racines, aux branches, aux feuilles. Ici le phénomène le plus remarquable est celui dont nous avons déjà parlé, qui se manifeste dès que l'embryon a reçu la vie. Deux parties essentielles se fraient deux routes opposées ; l'une est la tige *descendante* ou la racine ; l'autre, la tige *ascendante* ou aérienne. Nous avons expliqué le but de ces deux mouvements inverses.

Un observateur, qui s'est occupé avec intelligence et succès de recherches physiologiques, attribue ces directions à une sorte d'attraction qui existe entre les organes des plantes et les sucs qui leur sont propres ; il appuie cette assertion sur des faits. Ainsi les racines se dirigent constamment vers la terre, mais non pas dans le même sens : les unes sont traçantes, d'autres horizontales, d'autres verticales, le tout selon qu'elles ont besoin de tirer leur nourriture de la surface ou du sein de la terre. Il est un fait observé depuis longtemps, que les racines qui sont dans un sol qui ne leur convient pas l'abandonnent et s'avancent d'elles-mêmes vers un terrain plus favorable ; elles surmontent même pour cela divers obstacles, elles s'introduisent dans les fentes de rochers, traversent des sols pierreux, même, à la longue, percent le tuf et renversent les murs les plus solides. N'est-ce pas là une preuve de la puissante attraction qu'exercent les éléments de la nutrition sur les organes qui doivent l'absorber ?

Nous retrouverons dans la direction des tiges et des plantes la même variété que dans celle des racines. En général les tiges s'élancent vers le ciel, quelques-unes cependant s'étendent ou se recourbent vers la terre, et leur hauteur est extrêmement inégale dans les différentes espèces de végétaux. D'après le principe que nous avons énoncé, les plus basses ont besoin des sucs plus grossiers qui émanent de la terre, et les plus élevées demandent un air plus pur et plus raréfié.

Nous avons déjà parlé des feuilles et de leur disposition ; elles ne vont pas chercher les sucs nourriciers, mais elles attirent à elles les fluides aqueux et aériformes, et peut-être, en portant une attention soutenue sur cette attraction particulière des feuilles, découvrira-t-on pourquoi les nuages, tandis qu'ils semblent fuir les plaines arides, s'entassent sur les forêts et s'y résolvent en pluies fécondantes. Cette heureuse propriété des feuilles est donc ce qui entretient dans un état d'abondance les sources des fleuves, et peut expliquer la remarque qu'on a faite que, dans les lieux où l'on abattait les forêts, les eaux diminuaient, et les fleuves étaient menacés de dessèchement.

3° Les mouvements *météoriques*. Ils sont variables, et en cela ils diffèrent des mouvements de direction qui sont constants. Ils sont occasionnés par l'influence du froid ou de la chaleur, de l'humidité ou de la sécheresse, de la lumière ou de l'obscurité ; ils sont très-sensibles et purement mécaniques.

Le sommeil des plantes, découvert et décrit par Linnée, tient au mouvement météorique ; nous ne répèterons pas ce que nous en avons dit. Quant à l'action de la lumière, elle est très-marquée sur les plantes ; elles tendent toujours vers le côté d'où elle leur vient. On s'est assuré par expérience qu'elles la recherchaient plutôt que l'air. On a essayé d'élever des plantes dans des caves où l'on avait pratiqué des soupiraux , dont les uns , fermés par des verres, laissaient passer la lumière et interceptaient l'air , et les autres laissaient entrer l'air et non la lumière ; ces plantes se sont toutes dirigées du côté de la lumière. Cette expérience pourrait expliquer aussi la courbure des plantes dans les serres où la lumière ne vient que d'un côté , et l'allongement des jeunes arbres dans les forêts. On nomme *étoilées* les plantes qui, sans grossir, deviennent très-hautes pour chercher le jour et le soleil qui leur manquent.

Dans le Jardin des Plantes, à Paris, on a construit des serres de la plus grande beauté ; la charpente est en fer, et le dessus et les parois sont en verre. La lumière y pénétrant de tous les côtés, et leur hauteur permettant aux grands végétaux de se développer, on y remarque, avec leur port et presque leur accroissement naturel , des plantes des pays chauds ; c'est un spectacle vraiment curieux et très-intéressant de voir ces végétaux si différents de ceux qui frappent habituellement nos yeux ; ces bananiers avec leurs belles feuilles d'un vert satiné ; ces palmiers de formes et de feuillages si variés ; ces fougères si découpées et si délicates. A l'extérieur, ces serres produisent un bel effet ; elles ressemblent à ces palais de cristal décrits dans les contes de fées.

4° Les mouvements d'*élasticité*. Ils semblent presque spontanés ; ils ont lieu dans les organes de la reproduction au moment de la fécondation; nous en avons aussi parlé. Ces mouvements élastiques ont aussi lieu dans les valves du péricarpe, comme dans la balsamine, la fraxinelle et plusieurs légumineuses, où ce mouvement dissémine la graine; il est le dernier acte de la force vitale, et le dernier terme de la végétation.

DE LA DURÉE ET DE LA GRANDEUR DES PLANTES.

Il existe de très-grandes différences entre la durée et la grandeur des végétaux, selon leurs espèces. Le *nostoc* vit très-peu de temps, mais il possède à un haut degré la singulière faculté de reprendre la vie lorsqu'on le plonge dans l'eau, même après une dessiccation complète ; si on ne plonge dans l'eau qu'une partie de la plante, cette partie seule reverdit.

Plusieurs champignons vivent à peine un jour,

d'autres quelques semaines. Parmi les plantes annuelles, quelques-unes viennent au printemps et sont au terme de leur vie lorsque l'été arrive; d'autres prolongent leur existence jusqu'en automne, mais aucune ne voit un second printemps. Les plantes bisannuelles ont besoin de deux années avant d'avoir des fleurs et de produire des fruits.

C'est parmi les arbres qu'il faut chercher les végétaux qui ont une longue existence; quelques-unes vivent un siècle; d'autres plus, d'autres enfin ont une durée qui étonne l'imagination. On cite dans la forêt de Montmorency un cornouiller qui a une existence de plus de mille ans; il indiquait, d'après certaines chartres, la séparation des bois du duché de Montmorency de ceux du prieuré de Sainte-Radegonde.

Les arbres se conservent en général autant d'années qu'ils en ont mis à croître, et ils dépérissent le même espace de temps; d'après cela, le chêne doit durer au moins six cents ans.

M. Adanson raconte qu'il a trouvé aux côtes de la Madeleine, près du Cap-Vert, plusieurs *baobabs* sur lesquels il y avait des inscriptions de noms hollandais et de plusieurs noms français, dont les uns dataient du XIVᵉ, et d'autres du XVᵉ siècle. Ces arbres, quoique âgés de plusieurs centaines d'années, étaient très-jeunes, n'ayant encore que six pieds de diamètre, tandis que d'autres qui en avaient de vingt-cinq à vingt-sept ne paraissaient pas vieux.

Ces dernières observations peuvent nous donner une idée de la prodigieuse grosseur à laquelle parviennent certains arbres ; on en cite de vraiment extraordinaires ; contentons-nous de quelques exemples.

Il y a, dit Adanson, sur les côtes d'Afrique, depuis le Sénégal jusqu'au Congo, dos *ceiba* ou *benten*, dont on fait des pirogues de huit à douze pieds de large sur cinquante à soixante de long. En Angleterre, il y a des ormes d'une grosseur extraordinaire ; un de ces arbres qui était creux servit longtemps d'habitation à une pauvre femme qui s'y était retirée. En Westphalie, on a vu plusieurs chênes monstrueux ; j'ai vu moi-même dans les prairies arrosées par le Gardon un saule d'une grosseur remarquable ; il avait dans le haut du tronc une cavité assez grande pour qu'un ouvrier qui faisait les foins dans ces prairies y eût établi son domicile ; il y tenait son lit de paille, ses outils, et les branches touffues lui formaient un appui contre le soleil et la pluie.

Il y a des arbres dont la hauteur n'est pas moins prodigieuse. Pline cite un cèdre de l'île de Chypre, qui avait cent trente pieds de long. On a calculé que le *rotang* qui, en serpentant, embrasse par sa tige les arbres des forêts, pouvait avoir trois cents pieds de long.

Si de ces végétaux géants nous passons tout à coup à ces plantes parasites à qui, pendant longtemps, on n'avait pas donné le nom de plantes, n'ayant pu les distinguer, ne serons-nous pas étonnés et disposés à chercher quelles causes peuvent produire de si grandes inégalités de grandeur et de durée ? Quelques causes physiques expliquent jusqu'à un certain point cette inégalité ; nous ne nous y arrêterons pas, et nous arriverons tout de suite au plan général de la providence, qui peut seule en fournir une explication satisfaisante.

D'abord il est presque inutile d'observer qu'au commencement Dieu, par sa toute-puissance, fit sortir de la terre toutes les plantes et les arbres portant leur semence pour se reproduire. Mais ensuite voici la loi qu'il a établie pour la formation du sol destiné à ces végétaux.

Après leur mort, et au moyen de leurs débris qui forment la terre végétale, des gaz, des fluides, etc., les végétaux sont destinés à fournir une nourriture aux plantes qui doivent leur succéder. Il fallait donc que leur existence fût rapide et souvent renouvelée. D'abord viennnent les byssus et les lichens, ensuite des plantes annuelles qui, par leur détritus, préparent un sol favorable aux plantes ligneuses ; enfin arrivent les grands arbres destinés à vivre des siècles. Ceux-ci rendent avec usure les services qu'ils ont reçus ; un terrain à plusieurs couches leur avait été préparé, et il s'était engraissé des dépouilles successives des plantes qui y avaient vécu ; mais, à leur tour, ils prêtent à d'autres plantes, qui ne pourraient vivre sans cela, leur ombre protectrice, et leur conservent la chaleur et l'humidité. Les arbres, comme nous avons eu occasion de le remarquer, vont chercher la pluie en attirant les nuages ; aussi dans les pays où une ignorante cupidité les a fait tomber sous la hache, la terre est-elle, sous peu d'années, frappée de stérilité, et les plantes deviennent-elles languissantes.

Il est un genre de plantes, les *mousses*, qui semblent contredire ce que nous avons dit, que la durée des végétaux était en proportion de leur grandeur, car les mousses sont très-petites et ont cependant une grande ténacité de végétation ; mais nous allons voir que cette exception était nécessaire, et que les mousses, comme tout ce qui se trouve dans la nature, ont été créées pour une fin particulière, et atteignent le but que s'est proposé l'éternelle Sagesse. Les mousses se flétrissent à la chaleur et au soleil, on les dirait mortes ; mais, au contraire, lorsque la saison des pluies arrive, et que les autres plantes perdent leurs feuilles et meurent, elles renaissent et reprennent une vive fraîcheur, et c'est alors que commence leur utilité : elles retiennent le terrain qui pourrait être emporté par l'écoulement des eaux, et le conservent presque intact; elles servent d'abri aux semences qui sont dans la terre, et qui, sans ce secours, garderaient difficilement jusqu'au printemps leur vertu germinative; ou bien, si la plante est éclose, elles la préservent des intempéries de la saison jusqu'au retour du printemps. Dans le Nord, elles défendent les arbres du froid, et forment leur vêtement d'hiver; aussi n'y a-t-il aucune contrée où les mousses soient aussi abondantes.

C'est ainsi que tout dans la nature est arrangé avec un ordre admirable, et que chaque être remplit la place qui lui est assignée par le créateur pour l'utilité générale.

MALADIES ET MORT DES VÉGÉTAUX.

Tout sur cette terre, depuis que le péché y a été introduit par la désobéissance du premier homme, est sujet à la détérioration, aux maladies et enfin à la mort. Les plantes subissent cette loi générale, et au lieu d'arriver à la fin de leur existence par une marche et une gradation naturelles, elles sont exposées à de nombreuses causes de destruction qui hâtent leur fin. Nous avons vu combien les plantes étaient organisées avec de sages précautions pour être préservées des dangers qui les menaçaient; mais il arrive quel-

quefois que, malgré ces précautions, les végétaux
éprouvent des accidents qui les détruisent : ainsi
des froids trop prolongés au printemps, ou trop
précoces en automne, des chaleurs excessives
durant l'été, de longues pluies, les intempéries
de l'atmosphère, etc., occasionnent une grande
mortalité parmi les végétaux. Les plantes parasites, c'est-à-dire celles qui se nourrissent d'autres
plantes et les privent ainsi des sucs qui leur sont
nécessaires, telles que le gui, la cuscute, les
orobanches, sont aussi une source de destruction. Les insectes font encore de grands ravages
parmi les plantes, soit en rongeant les feuilles,
soit en leur faisant des blessures qui empêchent
la sève d'arriver aux branches et aux feuilles.
D'autres fois ces insectes déposent leurs œufs
dans l'ovaire, et l'insecte qui en sort se nourrit
du fruit qui n'est plus propre à la reproduction.

Les maladies des plantes sont *partielles* ou *universelles*. Lorsqu'elles sont partielles, on peut,
si la plante est forte, la sauver en coupant la
partie attaquée ; si elles sont universelles, la
plante languit et meurt. Cependant, en recher-
chant les causes de ces maux, on a aussi trouvé
des moyens de guérison ; mais ceci est du ressort
de l'agriculture et non de la botanique.

Quand un végétal est préservé de tout accident,
il arrive à la vieillesse, et alors sa destruction
est inévitable. Chaque végétal jouit de la durée

d'existence qui lui a été assignée par le créateur, durée qui, nous l'avons vu, est extrêmement variable ; mais, arrivé à ce terme, il perd successivement plusieurs de ses organes, l'individu périt tout entier, et ses parties vont féconder la terre pour que d'autres végétaux s'élèvent à sa place et que nos campagnes conservent ainsi leur agréable et précieuse parure.

TROISIÈME PARTIE.

TAXONOMIE.

Dans cette troisième partie nous allons nous occuper de la classification des plantes, d'après les rapports et les différences de leurs organes. On donne à cette branche de la science le nom de *taxonomie*, qui veut dire *arrangement* ou *classification*.

C'est à cette troisième partie que se rattache l'examen des méthodes et des systèmes inventés et suivis par les botanistes.

NÉCESSITÉS DE CLASSER LES PLANTES.

La beauté et la variété des fleurs attirent et fixent l'attention, et on ne peut s'empêcher de les admirer, même quand elles ne sont pas l'objet d'un goût particulier ou d'une étude suivie ; mais, lorsqu'on ne se contente pas de ce coup d'œil général, lorsqu'on examine avec soin , de nouvelles beautés se découvrent ; on voit un ordre, une sagesse admirables ; quelquefois les fleurs

les moins brillantes offrent de près les phénomènes les plus remarquables. Cet examen une fois
commencé, on ne peut plus s'arrêter, on est
toujours entraîné à aller plus loin; mais alors
se présente une difficulté qui pourrait faire aban-
donner des observations si agréables, c'est la
confusion. On ne peut se rappeler toutes ces plantes si différentes les unes des autres; on en voit
deux qui présentent le même aspect, on les croit
sœurs; cependant, examinées de près, on y trouve
des différences si notables, qu'on serait tenté de
les croire aussi éloignées que d'abord on les avait
crues rapprochées. On a donc dû être porté à
chercher un fil capable de conduire dans ce la-
byrinthe, et à établir des divisions qui pussent
faire connaître en quoi les plantes se rapportent
et diffèrent entre elles. On a pu adopter une base
ou une autre pour ces divisions; mais tous ceux
qui ont voulu étudier les plantes ont senti qu'elles
étaient absolument nécessaires. On prend donc
une fleur, on la considère dans toutes ses parties;
on en examine une seconde qui lui est parfaitement semblable dans toutes les parties essentielles,
et dont les légères différences ne portent que sur
des choses tout à fait secondaires : ces deux fleurs
sont de la même *espèce*. Par exemple, vous voyez
une haie d'aubépine : les feuilles et les fleurs
des différents individus peuvent être plus claires
ou plus foncées, plus grandes ou plus petites ;

vous n'en voyez pas moins que tous ces arbustes sont semblables, provenus des mêmes graines, et qu'ils sont de la même espèce. On dira donc que toutes les plantes qui sont presque parfaitement semblables sont de la même *espèce*. Ensuite on en trouve qui ont de grandes ressemblances et cependant des différences notables ; ces différences les feront séparer les unes des autres, et chacune de ces divisions se nommera *genre*. Ensuite, remontant toujours des différences particulières à des rapports plus généraux, on a groupé ensemble les genres qui avaient des caractères communs, et on en a formé des *familles*. Plusieurs familles différentes ont été, toujours d'après des caractères communs, réunies ensemble et ont formé des *ordres*. Enfin ces ordres ont été renfermés dans des *classes* par quelques caractères plus généraux encore. Ces classes sont des divisions grandes et peu nombreuses, qui font embrasser l'ensemble des végétaux. Voilà la marche qu'on a suivie pour la classification dans laquelle, comme on le voit, on a commencé par l'individu ; et par une suite d'examens et de comparaisons, on est arrivé aux plus grandes divisions.

Lorsque le travail est tout fait, et qu'il ne s'agit que de savoir quelle place doit occuper une plante, on procède différemment : on commence par voir dans quelle classe elle doit être, et en descendant toujours ainsi du général au particulier, l'on finit par déterminer son espèce.

Ce travail de la classification a été varié à l'infini. Nous disions qu'on pouvait lui donner différentes bases; c'est ce qui est arrivé : les botanistes se sont servis, pour leurs divisions, de différents caractères, d'où il est résulté une infinité de méthodes. Nous ne nous occuperons que des plus modernes, qui sont aussi les plus connues et les plus usitées.

SYNONYMIE ET MÉTHODES.

Quoique la botanique ne soit devenue une véritable science que dans les temps modernes, on s'en est cependant occupé dans l'antiquité et dans le moyen âge, et l'on a quelques ouvrages ou quelques fragments d'ouvrages que les savants lisent et étudient, mais dont ils tirent peu d'utilité à cause de l'absence d'ordre et de méthode. Aucune classification n'est observée, les descriptions sont insuffisantes et inexactes; en un mot, les travaux des anciens botanistes sont presque entièrement perdus pour les botanistes modernes.

La *synonymie* est encore un grand obstacle lorsqu'on veut étudier ce qu'était la botanique des anciens auteurs. Chacun a donné un nom différent sans s'inquiéter de celui qui était déjà adopté. Les descriptions n'étant pas exactes , on n'a pu reconnaître qu'il s'agissait souvent des mêmes plantes sous des noms différents; il en est résulté que la botanique est devenue un dédale dans lequel on ne pouvait plus se retrouver. On a reproché à nos botanistes actuels le puéril amour-propre qui les porte à vouloir donner de nouveaux noms soit aux plantes, soit aux parties de la plante; ils les donnent sans discernement, et ne font qu'augmenter les difficultés de la science. Avec moins de vanité et plus de sens, ils s'en tiendraient aux dénominations des grands maîtres, qui sont plus simples et plus judicieuses que les leurs. Des recherches sur la synonymie, toutes sèches et arides qu'elles sont, peuvent cependant conduire à quelques résultats utiles et agréables, en nous faisant voir quelle a été la marche de la science, en nous montrant les rapports qu'avaient les noms donnés aux plantes avec l'esprit et la tendance du siècle ; mais de telles recherches sont bonnes pour les érudits et non pour nous qui ne voulons de la botanique que ce qu'elle a d'aimable et d'attrayant.

D'après ce que nous venons de dire, on voit que, pour en venir au point d'ordre et de méthode où en est aujourd'hui la botanique, il a fallu des essais, des efforts et des hommes de génie qui aient éclairé et fixé la science par l'introduction des systèmes et des méthodes.

Avant de nous occuper de ces hommes et de leurs enseignements, faisons comprendre la différence qu'il y a entre un *système* et une *méthode*. Cet éclaircissement est nécessaire pour que nous puissions nous occuper de ces deux objets.

On dit encore *méthode artificielle* au lieu de *système*, et *méthode naturelle* au lieu de *méthode* seulement.

Un système est une classification fondée seulement sur un organe ; tel est celui de Linnée, qui se sert des étamines pour distinguer ses classes. Cette manière, tout ingénieuse qu'elle est, a de grands inconvénients : d'abord en ne prenant pour base qu'un seul organe, il arrive bien quelquefois que les plantes d'une même classe se ressemblent dans le reste de leur structure, mais il arrive souvent aussi qu'elles n'ont aucune autre ressemblance que dans l'organe en question, en sorte qu'on est étonné de voir figurer, l'une à côté de l'autre, des plantes qui, au premier aspect, n'offrent aucune analogie. Quoique ce défaut se trouve dans le système de Linnée, on ne peut le reprocher à ce grand homme, parce qu'il n'a pas prétendu donner le rapport réel des êtres entre eux, mais seulement une nomenclature qui aidât à découvrir leurs noms. Mais les disciples de Linnée, qui n'avaient pas le génie de leur maître, ont fini par donner à ce système artificiel une importance exagérée, et ont négligé la connaissance intime des plantes, qui est la partie la plus essentielle et la plus intéressante de la botanique.

Les *méthodes naturelles* sont un arrangement fondé sur toutes les parties de la plante considérée dans son ensemble. Elles ont le grand avantage de nous présenter les êtres dans la place réelle qu'ils occupent, et sont ainsi bien plus satisfaisantes pour l'esprit. Elles nous font, en quelque sorte, entrer dans le conseil de Dieu, qui a mis un plan, un ordre réel dans toutes ses œuvres, et qui a divisé les êtres en classes distinctes, mais néanmoins liées entre elles de manière à ce qu'on passe sans effort de l'une à l'autre.

Dans les méthodes naturelles, pour établir la classification, on se base d'abord sur les ressemblances des organes les plus importants; ainsi on fera beaucoup plus d'attention à la graine ou aux organes reproducteurs qu'aux feuilles et aux épines. La méthode fondée sur ce principe est désignée sous le nom de *méthode de la subordination des caractères;* elle a été primitivement imaginée par Bernard de Jussieu.

Voyons maintenant quels sont les principaux botanistes qui se sont occupés de la classification, et nous ont donné des *systèmes* ou des *méthodes.*

Nous citerons d'abord les frères Bauhin, qui, sentant la nécessité de l'ordre, ont cherché à l'introduire. Ils ont, pour leur temps, rendu de grands services à la science; aujourd'hui ils sont presque entièrement oubliés. Césalpin, né à Arezzo, en Toscane, a publié une méthode en 1583. Morison, professeur de botanique à Oxford, en a donné une autre dont la troisième partie fut publiée par Bobart en 1699. Enfin, Rai en a donné une troisième. Aucune n'était satisfaisante et ne pouvait suffire; aussi aucune n'est-elle restée; aujourd'hui on n'en fait plus usage; mais ces travaux ont ouvert la voie à ceux qui ont suivi, et la science a été admirablement conçue et développée par les célèbres Tournefort, Linnée et Jussieu. Nous allons donner une idée des travaux de chacun d'eux, et faire l'exposition de leurs systèmes et méthodes.

TOURNEFORT.

Tournefort, le premier, a donné à la botanique une forme et un système réguliers; le premier surtout il a fait naître le goût de cette science qui auparavant n'était cultivée que par quelques savants. Sa méthode, qui divise les plantes selon les formes de leur corolle, avait quelque chose de séduisant, tandis que jusque-là la botanique avait été sèche et aride : mais il ne connut pas parfaitement les organes des fleurs, puisqu'il ne regardait les étamines et les pistils que comme des glandes excrétoires. Quant à la physiologie végétale, il ne s'éleva guère au-dessus des idées de son temps qui étaient bien reculées. On mettra, nous le pensons, de l'intérêt à avoir une idée de la vie de ce fondateur de la plus aimable des sciences.

JOSEPH PITTON DE TOURNEFORT naquit à Aix en Provence, en 1656, d'une famille noble. Il fit ses études dans le collége de sa ville natale, et fut destiné par son père à l'état ecclésiastique ; mais il était né botaniste, et il manqua plus d'une fois la classe pour chercher des plantes ; aussi apprit-il en peu de temps à connaître toutes celles des campagnes environnantes. A la mort de son père, se trouvant libre de suivre son goût, il se livra en entier à son étude favorite ; il voyagea en Dauphiné, en Savoie, et passa quelque temps à Montpellier. En 1681 il fut en Espagne, visita la Catalogne et les Pyrénées, où il demeura une année entière non sans courir de grands risques. Il fut plus d'une fois dépouillé par les miquelets, et ne put sauver son argent qu'en le cachant dans son pain noir dont il faisait sa nourriture et que ces brigands dédaignaient de lui ôter. Une autre fois il fut enseveli sous les débris de la cabane qu'il habitait, et n'en fut retiré qu'au bout de deux heures. Une abondante moisson de plantes

le dédommagea de ses fatigues et de ses périls.
De retour à Paris, il obtint, par la protection de
Fagon, qui s'en démit en sa faveur, la place de
professeur de botanique au Jardin du roi. Ce jardin prit, par les soins de Tournefort, un accroissement considérable. Cette place ne lui ôta pas
la facilité de continuer ses voyages; il retourna
en Espagne, fut aussi en Angleterre, en Hollande, etc. Après cela, il publia plusieurs ouvrages de botanique. Louis XIV chargea Tournefort de faire un voyage dans le Levant, et l'académie nomma Aubriet, peintre très-distingué,
pour l'accompagner. Ils visitèrent l'Archipel,
Constantinople, l'Arménie, la Géorgie, le mont
Ararat, l'Asie mineure; ils avaient aussi le projet de visiter la Syrie et l'Egypte, mais la peste
qui régnait les en empêcha. Tournefort publia
une relation de son voyage sous le titre de *Voyage
au Levant*. Il y a des recherches intéressantes,
mais il est surtout précieux pour la botanique;
il est orné de planches gravées sur les dessins
d'Aubriet. Cet ouvrage est un des monuments
scientifiques les plus remarquables de cette époque; la narration en est simple, et le ton toujours assorti au sujet traité. Tournefort fut
nommé professeur de médecine au collége de
France; il était comblé des dons de son souve-
rain, entouré de la considération de ses compatriotes et des étrangers que le désir de visiter ses

nombreuses collections attirait sans cesse chez lui. Il aurait pu rendre encore de grands services à la science et lui faire faire de nouveaux progrès, mais, atteint par une voiture dans une rue, il languit quelques mois et mourut des suites de ce funeste accident, à l'âge de 53 ans. Après sa mort, on imprima encore quelques-uns de ses ouvrages.

LINNÉE.

Tournefort avait attiré les regards sur l'étude de la botanique jusqu'alors si peu connue et appréciée du grand nombre ; mais que de choses restaient à faire ! On avait besoin d'un homme de génie qui continuât l'édifice commencé, mais manquant encore de ses parties les plus nécessaires. Cet homme de génie fut Linnée, qui fit faire un pas immense à la botanique et la mit de suite au niveau des autres sciences. Il s'occupa aussi avec succès des autres parties de l'histoire naturelle ; mais ici nous ne parlerons que de ses découvertes dans le règne végétal. Nous porterons plus d'intérêt à ce grand homme quand nous saurons qu'il joignit les qualités les plus aimables à l'âme la plus forte, qu'il était profondément religieux, et que, dans tous ses ouvrages, il cherche à ramener à Dieu par l'étude de la nature. Il fut entouré de circonstances difficiles dont il triompha, comme nous le verrons dans une courte notice que nous allons donner sur lui.

CHARLES LINNÉE, né en 1707 à Roeshult, petit village de la Suède, était fils d'un pasteur. Il fut envoyé, à l'âge de dix ans, dans une petite ville voisine pour y faire ses études; mais le goût de la botanique qu'il avait dès lors lui fit négliger ses leçons pour se livrer à la recherche des plantes. Cette conduite fit prendre le change à son père qui, croyant qu'il n'avait nulle disposition et qu'il ne ferait jamais rien, le mit en apprentissage chez un cordonnier. Heureusement un médecin nommé Rothman eut occasion de converser avec ce jeune homme; il découvrit ce génie caché, lui prêta un *Tournefort*, le réconcilia avec son père, et le plaça à Land chez un professeur d'histoire naturelle nommé Stobens, qui l'employa quelque temps comme copiste sans se douter de ce qu'il valait; mais l'ayant surpris appliqué à l'étude pendant la nuit, il chercha à lui être utile, et le mit en état d'aller étudier à l'université d'Upsal, où le jeune Linnée devait trouver les ressources qui lui étaient nécessaires. Là il gagna l'amitié de plusieurs professeurs qui successivement le mirent en état de continuer ses études. Cependant il eut encore bien des peines, et il vécut dans un état voisin de l'indigence, donnant des leçons pour pouvoir subsister, et même étant obligé de raccommoder pour son usage les vieux souliers de ses camarades.

Olaus Rudbek, qui professait la botanique à Upsal, lui confia le soin du Jardin des Plantes, et se fit remplacer quelquefois par lui dans son cours. Dès lors il ne lutta plus contre la misère; il se fit connaître par le catalogue des plantes du jardin d'Upsal et une indication de son système. Il fut envoyé en Laponie aux frais de la société des sciences d'Upsal, pour recueillir et décrire les plantes de ces régions; il éprouva des fatigues incroyables en parcourant cette contrée rude et sauvage, et revint en Suède par la Finlande et l'île d'Aland. Il aurait voulu alors donner des leçons à Upsal, mais la jalousie d'un professeur le força à se retirer à Fahlun, ville de la Dalécarlie, où il parvint à subsister en pratiquant la médecine et en donnant quelques leçons de minéralogie. Il serait peut-être demeuré dans cette obscure situation, si une jeune personne qu'il aimait et qui pressentait tout ce qu'il pouvait devenir n'eût remis leur mariage à trois ans.

Linnée résolut d'employer ce temps à voyager. Il arriva avec beaucoup de peine, à cause du manque d'argent, en Hollande, où il se présenta à Boerhaave; cet illustre médecin fut aussi généreux envers Linnée qu'envers les autres jeunes gens qu'il protégeait; il le recommanda à

Georges Cliffort, riche propriétaire, qui habitait entre Leyde et Harlem, et qui avait la passion de l'histoire naturelle. Linnée passa trois ans chez cet excellent homme, jouissant de toutes les commodités de la vie. Il témoigna une grande reconnaissance à son bienfaiteur, et il l'a immortalisé par ses ouvrages qu'il a publiés chez lui, entre autres la *Musa Cliffortiana*, qui contient la description d'un bananier qui avait fleuri dans les serres de son hôte par les procédés ingénieux de Linnée. Après son séjour à Hortecamp, il alla voyager en Angleterre, où il fut mal reçu par les savants auxquels il s'adressa. Il vint ensuite à Paris, où on lui fit l'accueil le plus aimable, et il se lia d'une amitié durable avec Bernard de Jussieu, botaniste comme lui.

De retour dans sa patrie, Linnée ne fut pas reçu comme il avait lieu de l'espérer ; cependant il obtint l'appui du baron Charles de Geer, qui fut toute sa vie pour lui un ami zélé, lui fit avoir différents emplois, et enfin le fit nommer, en 1741, à la chaire de botanique d'Upsal.

C'était là le comble des vœux de Linnée ; c'était une place honorable et assez rétribuée pour le faire vivre sans inquétude. Un an auparavant il avait épousé Mlle More, cette jeune personne de Fahlun qui l'avait encouragé à vaincre sa mauvaise fortune. Ils eurent plusieurs enfants ; une de leurs filles a fait des découvertes en botanique :

elle s'est aperçue la première du sommeil des
plantes et du fluide électrique qui rayonne autour
des capucines.

Linnée occupa trente-sept ans la chaire d'Upsal. Pendant ce temps il fit, par ordre du gouvernement, plusieurs voyages dans les diverses
contrées de la Suède; il s'entoura d'élèves pour
lesquels il était un père tendre et un protecteur
zélé; plusieurs sont devenus célèbres. Il leur faisait donner des missions pour les pays étrangers
et enrichissait ses collections des envois qu'ils lui
faisaient.

La science prit un accroissement inouï, et Linnée en était la principale cause. Les honneurs
ne lui manquèrent pas : il fut anobli, décoré de
l'étoile polaire, demandé par le roi d'Espagne et
celui d'Angleterre. Louis XV lui envoyait des
graines cueillies de sa propre main. Il ne fut pas
plus ébloui de ces grandeurs que troublé par les
attaques de ses antagonistes, et sans doute il dut
la sérénité et le calme qu'il conserva dans des
fortunes si diverses au sentiment religieux qui
remplissait son cœur.

Il mourut en 1778, âgé de 71 ans, et fut inhumé
dans la cathédrale d'Upsal. Gustave III, roi de
Suède, témoigna ses regrets de cette perte par
un discours prononcé devant les états, et com-
posa son oraison funèbre qu'il fit lire à Upsal.
On lui a depuis érigé un monument en marbre

7.

blanc, orné des productions des trois règnes de la nature.

Il a composé un grand nombre d'ouvrages sur toutes les branches de l'histoire naturelle, et a donné un système de botanique dont les organes reproducteurs sont la base, et qui est suivi par tous les botanistes de l'Europe. Cependant aujourd'hui, et surtout en France, la méthode naturelle de M. de Jussieu est plus répandue. Quoique le botaniste français ait paru avant le botaniste suédois, quant à la date de la naissance, il n'en est pas de même sous le rapport de la science. Jussieu n'ayant rien publié, ou du moins que quelques morceaux détachés, et sa méthode n'ayant été mise en ordre et au jour que par son neveu, il en résulte que, pour la science, il n'est venu que bien après Linnée. Voici une courte notice sur sa vie.

BERNARD DE JUSSIEU.

BERNARD DE JUSSIEU, l'un des plus fameux botanistes du XVIIIe siècle, naquit à Lyon en 1599. Il fit ses études dans cette ville, et rien ne manifestait son goût pour la botanique. Il fut appelé à Paris auprès de son frère aîné, Antoine de Jussieu, professeur au Jardin de botanique, qui fut nommé pour aller en Espagne et en Portugal recueillir des plantes, et qui emmena son

jeune frère Bernard. Ce fut dans ce voyage que
se développa son goût pour cette science ; il s'y
livra avec passion. De retour en France, il her-
borisa dans les environs de Lyon ; il alla ensuite
à Montpellier faire un cours de médecine, et fut
reçu docteur ; mais sa profonde sensibilité le fit
renoncer à la pratique de cet art : la vue des malades l'affectait tellement qu'il en éprouvait de
violentes palpitations. Il fut nommé sous-dé-
monstrateur au Jardin des plantes, à Paris. Son
frère Antoine, qui avait la place auparvant occupée par Tournefort, avait mis Bernard en état
de lui être associé.

C'est dans ce modeste emploi qu'il exerça, au
profit du Jardin de botanique et pour les progrès
de quelques parties de l'histoire naturelle, une
influence qui a fait époque dans les annales des
sciences. Il dirigeait lui-même les jardiniers, se-
mait les graines dans les terres qui leur conve-
naient le plus ; mais son occupation favorite était
l'herborisation dans la campagne. Là il répondait
à toutes les questions avec une patience et une
sagacité admirables. Quelquefois ses élèves lui
présentaient des plantes défigurées soit par la
mutilation, soit par l'addition de parties étrangères ; il le reconnaissait sur-le-champ.

Il fut nommé membre de l'Académie à l'âge
de vingt-six ans. Cet honneur, si grand pour
un jeune homme, ne lui ôta rien de son aimable

simplicité. Il acquit une grande influence sur ses collègues; tous avaient en lui une confiance d'autant plus grande qu'il ne blessait l'amour-propre de personne; il exprimait son avis avec douceur et clarté, ne craignant pas de dire *je ne sais pas* lorsqu'il ne se trouvait pas assez éclairé pour avoir une opinion. Il communiquait aisément à ceux qui le questionnaient les aperçus nouveaux et lumineux qu'il avait sur la science; et il est arrivé plus d'une fois que d'autres ont publié comme venant d'eux ce qu'ils avaient appris de Jussieu. Ses amis l'avertissant un jour d'un plagiat de ce genre : *Eh ! que m'importe*, dit-il, *pourvu que la chose soit connue ?*

Il regardait la botanique comme une science de combinaisons et non de nomenclature; mais tous ses travaux auraient peut-être été perdus pour nous, si Louis XV, qui aimait les sciences, n'eût désiré avoir dans son jardin de Trianon toutes les plantes cultivées en France. Il chargea Bernard de Jussieu de les arranger dans un ordre convenable, ce qui lui donna lieu d'examiner la meilleure manière de classer les plantes, et lui fit reconnaître la supériorité des méthodes naturelles sur les artificielles (1).

Bernard de Jussieu fit un simple catalogue des plantes de Trianon, mais les nombreux

______

(1) V. ce que nous en avons dit à l'art. des *Méthodes.*

développements qu'il a donnés de ses principes dans la conversation , la part qu'il a euc à l'ouvrage de son neveu , *Genera plantarum* , doivent le faire regarder comme le créateur de la méthode naturelle ; c'est son extrême modestie qui lui a fait tenir son talent si bien caché qu'on ne lui en attribue qu'une partie.

Bernard perdit son frère aîné qu'il aimait beaucoup ; il se livra dès lors à la retraite, ne sortant que pour aller au Jardin des Plantes diriger les herborisations , et pour ses devoirs religieux. Sa vue s'étant considérablement affaiblie , il fut obligé de renoncer à ses travaux et même à la lecture ; il s'occupa dès lors à mettre en ordre l'immensité des faits qu'il avait dans sa tête, car sa mémoire était prodigieuse. Il fit venir auprès de lui son neveu ; celui-ci, avec l'approbation de son oncle , changea la disposition du jardin ; alors Bernard renonça à y aller, ne pouvant plus, comme auparavant, trouver les plantes par la place où elles étaient. Cette vie , trop sédentaire pour sa forte complexion , lui occasionna plusieurs attaques auxquelles il succomba en 1777 , au milieu de la désolation de sa famille.

Jussieu a donné les descriptions détaillées de plusieurs plantes qui n'étaient que peu ou point connues avant lui , entre autres de la pilulaire. Il a découvert l'attraction qui existe dans les or-

ganes reproducteurs, et qui est cause des phénomènes dont nous avons parlé en traitant de la
physiologie. Il a fait aussi des découvertes sur les
polypes d'eau douce, et il a reconnu que c'étaient
de petits animaux tenant le milieu entre le règne
végétal et le règne animal, que jusqu'alors on
avait crus séparés d'une manière tout à fait tran-
chée. Cette découverte est antérieure à celle de
Trembley, consignée par ce naturaliste dans
l'intéressant ouvrage qu'il a adressé à ses enfants.
C'est aussi Jussieu qui a cherché un remède aux
piqûres des vipères, et qui a trouvé l'alcali vo-
latil dont l'efficacité a été constatée par des
expériences répétées.

Maintenant que nous connaissons les trois
botanistes dont les méthodes sont restées, nous
allons exposer ces méthodes elles-mêmes.

MÉTHODE DE TOURNEFORT.

Cette méthode n'est plus en usage aujourd'hui,
tant à cause de la quantité de plantes découvertes depuis qu'à cause des défauts qu'elle a. Le
principal est d'avoir divisé les plantes en herbes,
en arbrisseaux et en arbres, division qui ne peut
être admise, puisqu'on a reconnu que les uns
et les autres existaient dans les mêmes familles,
et quelquefois dans les mêmes genres. Nous
aurions pu nous dispenser d'exposer cette mé-

thode ; cependant, comme elle a eu de la réputation dans le temps, et qu'elle a fait faire le premier pas sensible à la science, nous croyons satisfaire à la juste curiosité du lecteur en lui en donnant une idée succincte.

Tournefort range les végétaux en deux grandes classes : 1º les arbres ; 2º les herbes auxquelles il joint les sous-arbrisseaux.

Il divise ensuite chaque classe en fleurs *pétalées* et fleurs *apétalées*.

Les pétalées sont *simples* ou *composées* ; les simples se divisent en *monopétales* et *polypétales*.

Les fleurs simples monopétales sont à corolle régulière ou irrégulière. Ces nouvelles divisions lui fournissent vingt-deux classes.

Les fleurs à corolle régulière ont une forme symétrique ; ce sont :

CLASSE Iʳᵉ. — *Campaniformes* ou *en cloche.*

On distigue dans cette classe quatre modifications :

1º Les *campaniformes* proprement dites (les campanules, les liserons) ;

2º Les *campaniformes tubuleuses*, qui ont une corolle longue et étroite (le sceau de Salomon) ;

3º Les *campaniformes ouvertes* dont les fleurs sont très-évasées (la mauve) ;

4º Les *campaniformes globuleuses* ou *en grelot* (le muguet, les bruyères).

CLASSE II. — *Infundibuliformes* ou *en enton-*

noir. Cette classe comprend trois divisions :

1° Les *infundibuliformes* proprement dites, dont la partie supérieure n'est pas aplatie, et dont l'inférieure est tubulée (le tabac, le datura) ;

2° Les *hypocratériformes* ou en forme de soucoupes ; le haut est tout à fait en coupe aplatie (les primevères, les myosotis) ;

3° Les *fleurs en roue.* Elles ont véritablement cette forme ; une saillie vers le tube représente le moyeu (la bourrache, la véronique).

Les fleurs monopétales irrégulières n'offrent plus une forme symétrique ; elles forment deux classes.

CLASSE III. — *Personnées* ou *en masque.* Leur corolle offre des formes tout à fait irrégulières ; elle se divise en deux limbes irréguliers : dans le muflier, elle présente la tête d'un animal ; dans l'arum un capuchon, une languette allongée dans l'aristoloche. La partie inférieure est quelquefois garnie d'un éperon ; leur fruit est une capsule.

CLASSE IV. — Les *labiées* ou *en gueule.* Corolle tubuleuse à sa base, divisée au sommet en deux lèvres distinctes plus ou moins écartées ; la supérieure manque quelquefois. Les feuilles sont opposées, les fleurs verticillées (la sauge, le lamier). C'est une classe très-naturelle, qui forme une famille distincte dans presque toutes les méthodes.

Les fleurs simples polypétales sont aussi divisées en régulières et irrégulières.

Les régulières sont :

CLASSE V. — Les *cruciformes* ou *crucifères*, composées de quatre pétales disposés en croix, calice à quatre folioles. Le fruit est une silique ou une silicule (le chou , l'allière).

CLASSE VI. — Les *rosacées*. Les pétales sont disposés en rond autour du pistil et des étamines, et ils sont ordinairement au nombre de cinq, quelquefois plus, quelquefois moins (la rose , la fraise). Cette classe est très-étendue et renferme un grand nombre de plantes qui ne sont pas de la famille des rosacées proprement dites.

CLASSE VII. — Les *ombellifères*. Ce sont des rosacées dont les fleurs sont petites et portées sur des pédoncules qui partent du même point, soit de la tige , soit d'un pédoncule commun , et qui, aboutissant à la même hauteur, présentent assez bien la figure d'un parasol.

CLASSE VIII. — Les *caryophyllées* ou *en œillet*. Elles ont cinq pétales à onglet long et même renfermés dans un calice tubuleux et coriacé (le cucubale , la lychnide).

CLASSE IX. — Les *liliacées,* qui ont une corolle à six pétales , comme le lis ; rarement trois; quelquefois monopétale et à six ou à trois divisions; racine bulbeuse.

Les polypétales irrégulières sont :

Classe X. — Les *papilionacées* ayant quatre ou cinq pétales qui figurent un papillon ; le pétale supérieur, qui est le plus grand et protége les autres, s'appelle *étendard* ; les deux latéraux se nomment *ailes*, et le cinquième, nommé *carène*, enveloppe les parties de la fructification. Le fruit est une gousse.

Classe XI. — Les *anomales*. Elles ont des pétales irréguliers en forme de cornets, d'éperons dissemblables entre eux. C'est une classe qui n'est pas du tout naturelle, puisqu'elle renferme des fleurs qui ne se ressemblent pas du tout (l'ancolie, la fumeterre, le delphinium).

Les herbes à fleurs composées ou composites sont :

Classe XII. — Les *flosculeuses* composées de fleurons tubuleux et divisés à leur limbe en cinq parties, calice commun (le bluet, le chardon, l'artichaut.) Cette classe a une sous-division qui renferme les *agrégées*, dont chaque fleuron a son calice (la globulaire, la scabieuse).

Classe XIII. — Les *demi-flosculeuses* composées de demi-fleurons terminés en languette, dont la partie inférieure est un cornet. Ils sont réunis dans un calice commun (le pissenlit, la chicorée).

Classe XIV. — Les *radiées* composées de fleurons dans le centre, et de demi-fleurons à la circonférence, réunis dans un calice commun (la paquerette, le souci).

CLASSE XV. — *Fleurs apétales à étamines*, dont les pétales sont remplacés par le calice ; ce calice est dans quelques-unes des écailles ou glumes. Les deux familles naturelles des graminées et des cypéracées sont renfermées dans cette classe.

CLASSE XVI. — *Apétales sans fleurs apparentes.* Le fruit n'est qu'un paquet poudreux placé sur le dos des feuilles dans les fougères, dans des godets dans les lichens.

CLASSE XVII. — *Apétales sans fleurs ni graines apparentes.* La poussière qui doit reproduire la plante est contenue dans des urnes, des coiffes ou volva ; les mousses, les champignons, etc., sont dans cette classe, qui renferme une partie des plantes que Linnée a nommées *crypto-games.*

Les plantes de la seconde grande division de Tournefort, qui comprend les arbres et les arbrisseaux, se divisent aussi en fleurs pétalées et en fleurs apétalées, qui sont :

CLASSE XVIII. — *Fleurs dépourvues de corolle* (le buis, le frêne).

CLASSE XIX. — *Amentacées* dont les fleurs sont en chatons (le saule, le noisetier, le sapin).

Les arbres dont les fleurs ont des pétales se divisent encore en trois classes :

CLASSE XX. — *Fleurs pétalées à corolle mono-*

pétale (le sureau , l'olivier , le lilas , la viorne).

CLASSE XXI. — *Fleurs pétalées à corolles poly-pétales régulières.* Les arbres rosacés (le tilleul, le marronnier d'Inde, le poirier).

CLASSE XXII. — *Fleurs pétalées à corolles po-lypétalées irrégulières.* Les arbres papilionacés (le cytise, le robinier).

Quelques-unes de ces classes ont encore des subdivisions que nous ne transcrivons pas, ne voulant que donner une idée de cette méthode dont on ne se sert plus aujourd'hui. Nous allons joindre ici un tableau qui en fera voir l'ensemble d'un coup d'œil.

Tableau synoptique de la méthode de Tournefort.

Herbes et sous-arbriss.	fleurs pétalées	fleurs simples	monopétales.	régulières…	1 campaniformes. 2 infundibuliformes.
				irrégulières…	3 personnées. 4 labiées.
			polypétales…	régulières…	5 cruciformes. 6 rosacées. 7 ombellifères. 8 caryophyllées. 9 liliacées.
				irrégulières…	10 papilionacées. 11 anomales.
		fleurs composées……………			12 flosculeuses. 13 demi-flosculeuses. 14 radiées.
	fleurs apétalées	avec calice et fruit……………			15 apétales (fl. à étamines).
		sans calice………………			16 apétales (point d'étam.).
		sans calice ni fruit…………			17 apétales (point de fruit).
Arbriss. et arbres.	fleurs apétalées	fleurs réunies au fruit…………			18 apétales.
		fleurs séparées du fruit et munies d'écailles.			19 amentacées.
		monopétales……………			20 monopétales.
	fleurs pétalées	polypétales	régulières…………		21 rosacées.
			irrégulières…………		22 papilionacées.

SYSTÈME DE LINNÉE.

La méthode de Tournefort était fondée sur la corolle, partie de la fleur qui est la plus brillante et qui attire le plus l'attention ; mais, lorsqu'on eut découvert que le pistil et les étamines étaient les organes destinés à produire le fruit et ainsi à perpétuer l'espèce, ils furent considérés avec raison comme la partie la plus essentielle de la fleur que la corolle enveloppait et protégeait. Ce furent donc ces organes, dont Linnée connaissait toute l'importance, qui devinrent la base de son système. Comme il observa qu'il y avait des plantes dans lesquelles ces organes étaient très-apparents, et d'autres, au contraire, où ils étaient très-cachés et même inconnus, il fit deux grandes divisions : les premières furent appelées *phanérogames*, et les secondes *cryptogames*. Ces divisions renferment vingt-quatre classes distinguées par le nombre ou la position des étamines. Ces classes se divisent en ordres dont le nombre des pistils et quelquefois la forme ou le nombre de graines du fruit est le caractère distinctif ; enfin il y a des genres et des espèces.

Dans ce système on donne le nom de *genre* à la réunion des espèces qui appartiennent à la même classe, au même ordre, et qui se ressemblent par un grand nombre de parties. Ainsi, par exemple, la rose de Provins, la rose de tous les mois, la rose de Bengale, appartiennent ensemble au même genre.

L'*espèce* a été définie une suite d'individus parfaitement semblables dans leurs parties et qui ne changent point par de nouvelles générations. On conçoit qu'il est très-difficile de préciser les espèces, puisqu'il y a des plantes qui paraissent exactement semblables et qui ne le sont pas; souvent aussi une nouvelle génération amène des variétés qui peuvent tenir au sol, au climat, à la culture, et il arrive ainsi qu'on ne retrouve plus l'espèce qui avait été décrite.

Nous trouverons d'abord dans les classes de Linnée l'énumération suivante de caractères :

1° *Caractères fondés sur le nombre des étamines entièrement libres, et dont les fleurs ont des étamines et des pistils.*

CLASSE Ire. — *Monandrie*, une étamine (le balisier).

CLASSE II. — *Diandrie*, deux étamines (la sauge, la véronique).

CLASSE III.— *Triandrie*, trois étamines (l'orge, l'iris).

CLASSE IV. — *Tétrandrie*, quatre étamines (la garance, le plantain).

Classe V. — *Pentandrie*, cinq étamines (le chèvrefeuille, la pomme de terre).

Classe VI. — *Hexandrie*, six étamines (la jacinthe, le lis).

Classe VII. — *Heptandrie*, sept étamines (le marronnier d'Inde).

Classe VIII. — *Octandrie*, huit étamines (le blé sarrasin).

Classe IX. — *Ennéandrie*, neuf étamines (le laurier, la rhubarbe).

Classe X.—*Décandrie*, dix étamines (l'œillet, la fraxinelle).

Classe XI. — *Dodécandrie*, douze étamines et plus, mais moins de vingt (le réséda, la salicaire).

2º Caractères fondés sur la position et le nombre des étamines de vingt à cent.

Classe XII. — *Icosandrie*, environ vingt étamines ou plus, insérées au tube du calice qui fait souvent corps avec l'ovaire (la rose, le fraisier).

Classe XIII.— *Polyandrie*, vingt étamines ou plus insérées sous l'ovaire, ou au fond du calice (les cistes, l'ancolie).

3° *Caractères fondés sur le nombre et la proportion
des étamines, deux constamment plus courtes.*

CLASSE XIV. — *Didynamie*, quatre étamines
dont deux plus longues et deux plus courtes (les
labiées).

CLASSE XV. — *Tétradynamie*, six étamines
dont quatre plus longues et deux opposées plus
courtes (les crucifères).

4° *Caractères fondés sur la connexion des étamines
dans quelqu'une de leurs parties.*

CLASSE XVI. — *Monadelphie*. Toutes les étamines réunies en un faisceau, les anthères libres
(la mauve).

CLASSE XVII. — *Diadelphie*. Les étamines réunies par les filets en deux corps égaux ou inégaux
(les papilionacées, la fumeterre).

CLASSE XVIII. — *Polyadelphie*. Les étamines
réunies par les filets en trois corps ou plus (les
mille-pertuis, l'oranger).

CLASSE XIX. — *Syngénésie*. Les anthères sont
réunies en un seul corps, les filets forment un
tube que le style traverse sans y être attaché. Cette
classe renferme les fleurs composées (l'artichaut,
le pissenlit).

5° Caractères fondés sur la position des étamines.

Classe XX. — *Gynandrie*. Les étamines sont insérées sur le pistil (l'orchis, l'aristoloche, l'arum).

6° Caractères fondés sur la séparation du pistil et des étamines sur la même plante ou sur deux plantes.

Classe XXI. — *Monœcie*. Les étamines sont dans une fleur et le pistil dans une autre, mais sur le même individu, ainsi que l'annonce le mot grec qui signifie une *seule maison* (le noyer, le bouleau, la pimprenelle).

Classe XXII. — *Diœcie*, fleurs mâles ou à étamines sur un individu, fleurs femelles ou à pistils sur un autre (le chanvre, le saule, l'if).

Classe XXIII. — *Polygamie*, fleurs à étamines et fleurs à pistils soit sur la même plante, soit sur deux plantes de même espèce (la pariétaire, le frêne).

7° Caractères fondés sur l'absence des étamines.

Classe XXIV. — *Cryptogamie*, mot qui signifie *fructification cachée*. Linnée a renfermé dans cette classe toutes les plantes où le mode de reproduction est inconnu (les champignons, les mousses, les lichens, les fougères).

Ces classes, comme nous l'avons dit, sont divisées en ordres. Ceux des treize premières classes se tirent du nombre des pistils, des styles ou des stigmates sessiles; ce sont :

Caractères des ordres.

1er. *Monogynie*, un pistil (la bourrache, la vipérine).

2e. *Digynie*, deux pistils (la gentiane).

3e. *Trigynie*, trois pistils (le pied-d'alouette, l'aconit).

4e. *Tétragynie*, quatre pistils (les petivères).

5e. *Pentagynie*, cinq pistils (le lin, l'ancolie).

6e. *Hexagynie*, six pistils (la stratiote, le jonc fleuri).

7e. *Heptagynie*, sept pistils (les septas (Linnée).

8e. *Décagynie*, dix pistils (le phylotaque).

9e. *Dodécagynie*, douze pistils (la joubarbe).

10e. *Polygynie*, plusieurs pistils, nombre indéterminé (la potentille).

La didynamie se divise en deux ordres :

1er. *Gymnospermie*, ovaire à quatre lobes, renfermant une graine nue dans chaque lobe (les labiées).

2e. *Angiospermie*, fruit recouvert, ovaire entier terminé par un style (la digitale).

La tétradynamie se divise aussi en deux ordres :

1er. *Siliculeuses*, fruit plus large que long ; il s'appelle *silicule* (le thlaspi, le cochléaria).

2e. *Siliqueuse*, fruit long comparé à sa largeur; il s'appelle *silique* (la giroflée, le chou, le navet).

Dans la monadelphie, la diadelphie et la polyadelphie, la division étant basée sur la position des étamines et non sur leur nombre, Linnée s'est servi du nombre des étamines pour caractériser les ordres ; ainsi, par exemple, le tamarin qui a trois étamines est de la *monadelphie triandrie;* ainsi de suite.

La syngénésie se divise en six ordres :

1er. *Polygamie égale*, fleurons ou demi-fleurons tous fertiles (le pissenlit, la laitue).

2e. *Polygamie superflue*, fleurons ou demi-fleurons sur le disque ayant pistils et étamines; ceux de la circonférence n'ayant que des pistils (la camomille, la grande marguerite des champs).

3e. *Polygamie frustranée*, fleurons ou demi-fleurons du disque fertiles; ceux de la circonférence dépourvus de stigmates et stériles (la centaurée, le grand soleil).

4e. *Polygamie nécessaire*, fleurons ou demi-fleurons du disque stériles par l'imperfection du stigmate, ceux de la circonférence fertiles (le souci).

5e. *Polygamie séparée*, fleurons ou demi-fleurons disposés par petits groupes séparés, munis de calice, de paillettes ou d'écailles qui les distinguent (la boulette).

6e. *Monogamie.* Cet ordre a été supprimé depuis Linnée : il comprenait les fleurs distinctes les unes des autres et un fruit polysperme (la violette).

La gynandrie tire ses ordres du nombre des étamines, comme la monadelphie, etc.

La monœcie et la diœcie ont pour ordre toutes les classes précédentes, excepté la syngénésie.

La polygamie se divise en trois ordres :

1er. *Monœcie*, fleurs hermaphrodites, fleurs à étamines et fleurs à pistils sur la même plante (l'arroche, l'acacia).

2e. *Diœcie,* fleurs hermaphrodites sur une plante et fleurs à étamines ou à pistils sur une autre (le frêne, le févier).

3e. *Triœcie*, fleurs hermaphrodites, ou seules, ou accompagnées de fleurs à étamines sur une plante, et de fleurs à pistils sur une autre (le figuier).

La cryptogamie se divise en quatre ordres :

1er. Les *fougères*, feuilles roulées en dedans sur elles-mêmes avant leur développement; feuilles radicales, tiges filiformes, feuilles sessiles membraneuses.

2e. Les *mousses*, très-peu connues du temps de Linnée, mais sur lesquelles on a fait depuis des découvertes.

3ᵉ. Les *algues*, tiges filiformes nues, ou substances coriacées.

4ᵉ. Les *champignons*, substance spongieuse,
lisse ou garnie de lames, de plis, de pointes ou
de pores réunis en masse.

Voilà ce système si loué par les uns, si critiqué
par les autres, mais qui a assuré à son auteur
une immortalité méritée. Nous en donnerons
aussi un tableau pour qu'on s'en fasse plus aisément une idée générale.

Tableau synoptique du système de Linnée.

CLASSES.

Plantes dont les fleurs sont pourvues d'étamines.	fleurs herma-phrodites	étamines libres	étamines égales entre elles.	étamines définies de 1 à 12.	une étamine.......... 1 Monandrie.
					deux étamines........ 2 Diandrie.
					trois étamines........ 3 Triandrie.
					quatre étamines....... 4 Tétrandrie.
					cinq étamines......... 5 Pentandrie.
					six étamines.......... 6 Hexandrie.
					sept étamines......... 7 Heptandrie.
					huit étamines........ 8 Octandrie.
					neuf étamines........ 9 Ennéandrie.
					dix étamines.......... 10 Décandrie.
					douze étamines........ 11 Dodécandrie.
				étamines indéfinies de 12 à 100.	attachées au calice..... 12 Icosandrie.
					non attachées au calice. 13 Polyandrie.
			étamines inégales entre elles.		quatre étamines, deux plus longues. 14 Didynamie.
					six étamines, quatre plus longues... 15 Tétradynamie.
		étamines réunies.	étamines non attachées sur le pistil.	anthères réunies.	en un corps...... 16 Monadelphie.
					en deux corps.... 17 Diadelphie.
					en plusieurs corps. 18 Polyadelphie.
				filaments réunis................... 19 Syngénésie.
			étamines attachées sur le pistil.................... 20 Gynandrie.
	fleurs uni-sexuelles.		mâles et femelles sur le même pied........................ 21 Monœcie.
			mâles et femelles sur des pieds différents.................. 22 Diœcie.
			mâles, femelles et hermaphrodites......................... 23 Polygamie.
Plantes dépourvues d'étamines.. 24 Cryptogamie.

MÉTHODE NATURELLE DE JUSSIEU.

La méthode naturelle de M. de Jussieu offre sans contredit de grands avantages ; elle est le complément de la science, elle vous fait juger non chaque individu en particulier, mais la place que lui a faite dans la chaîne des êtres la sagesse du créateur. Elle a de plus l'avantage de présenter la gradation de ces êtres en commençant par les plus simples : Jussieu vous conduit des nostocs, qui méritent à peine le nom de plantes, jusqu'aux productions végétales les plus parfaites, et sa classification n'a pas de ces disparates qui se trouvent dans celles de Tournefort et de Linnée. Par exemple, chez Tournefort, le muguet est mis à la suite de la belladone, et chez Linnée, le safran est placé dans la même classe que la valériane. Il ne faut pourtant pas s'imaginer qu'il n'y ait rien à redire dans la méthode de M. de Jussieu, que tout y soit à sa place, et que rien n'y manque ; c'est ce qu'on a de mieux, mais ce travail acquerra de la perfection. Il y a des familles qui paraissent trop éloignées, peut-être qu'on en découvrira d'autres intermédiaires qui rempliront le vide, peut-être aussi qu'un examen encore plus attentif des plantes connues fera trouver des rapports inaperçus jusqu'ici.

Comme ses prédécesseurs, M. de Jussieu a

compris que c'était un grand avantage pour la science de donner d'abord de grandes divisions. Il a donc pris l'embryon, comme étant la partie la plus essentielle, pour base de ses divisions, qui sont, à la vérité, fort inégales pour le nombre, mais bien tranchées. Dans l'embryon se trouvent renfermées toutes les formes que la nature doit plus tard mettre au jour. Ces formes sont indiquées par l'absence, la présence et le nombre des cotylédons, d'où il a tiré trois classes : les *acotylédones*, les *monocotylédones* et les *dicotylédones*. Par l'inspection de la tige et des feuilles, sans voir l'embryon, il est facile de reconnaître à quelle division une plante appartient. Les tiges des monocotylédones sont moins fortement organisées, et leurs feuilles n'ont que des nervures longitudinales, comme les iris, les graminées, etc., au lieu que les feuilles des dicotylédones ont des nervures dans tous les sens, comme les violettes, les poiriers, etc.

Ensuite, portant son attention sur les organes de la fructification et sur l'influence qu'ils ont sur les formes végétales, il a considéré la position des étamines relativement au pistil, et cela lui a fourni encore trois divisions. Les étamines sont : 1° *épigynes*, c'est-à-dire posées sur le pistil ; 2° *hypogynes*, placées sous le pistil, ou mieux sur le réceptacle ; 3° *périgynes*, autour du pistil, ou insérées sur le calice.

8.

En faisant l'application de ces trois divisions aux fleurs apétales, monopétales et polypétales, on obtient quinze classes. La première comprend les plantes acotylédones, et la dernière les plantes *diclines*, c'est-à-dire qui ont les étamines séparées des pistils sur des fleurs différentes. M. de Jussieu a donné à chacune de ces classes un nom particulier relatif aux caractères qui les constituent.

Tableau de la méthode naturelle de Jussieu.

PLANTES.				CLASSES.
Acotylédones				1 Acotylédonées.
Monocotylédones {	étamines hypogynes..................			2 Monohypogynées.
	— périgynes..................			3 Monopérigynées.
	— épigynes..................			4 Monoépigynées.
Dicotylédones — apétales..... {	étamines épigynes...................			5 Epsitaminées.
	— périgynes...................			6 Péristaminées.
	— hypogynes...................			7 Hypistaminées.
monopétales . {	corolles hypogynées..........			8 Hypocorollées.
	— périgynes...................			9 Péricorollées.
	— épigynes. {	anthères conjointes.	10 Epicorollées synanthérées.
		—	disjointes.	11 Epicorollées corisanthérées.
polypétales.. {	étamines épigynes...................			12 Epipétalées.
	— hypogynes			13 Hypopétalées.
	— périgynes..................			14 Péripétalées.
diclines irrégulières...........................				15 Diclines.

Ces quinze classes renferment les familles. Celles-ci étaient d'abord au nombre de cent; elles ont été successivement augmentées ; les voici telles qu'elles ont été données pour un ouvrage sur la physiologie végétale.

Les familles sont plus naturelles à proportion que les genres qui les composent ont plus de caractères qui leur sont communs ; ainsi les la-biées, les crucifères sont très-naturelles, les cyparidées le sont moins.

FAMILLES NATURELLES.

Ire DIVISION. — **Plantes acotylédones.**

CLASSE Ire. *Acotylédones.*

1 Les algues.	7 Les lycopodiacées.
2 Les champignons.	8 Les fougères.
3 Les hypoxylées.	9 Les cycadées.
4 Les lichens.	10 Les équisétacées.
5 Les hépatiques.	11 Les salviniées.
6 Les mousses.	

IIe DIVISION. — **Plantes monocotylédones.**

CLASSE II. — *Monohypogynées.*

12 Les nymphéacées.	16 Les typhinées.
13 Les saururées.	17 Les cypéracées.
14 Les piréritées.	18 Les graminées.
15 Les aroïdes.	

Classe III. — *Monopérigynées.*

19 Les palmiers.
20 Les asparaginées.
21 Les restiacées.
22 Les joncées.
23 Les commélinées.
24 Les alismacées.

25 Les colchicées.
26 Les liliacées.
27 Les broméliacées.
28 Les asphodélées.
29 Les narcissées.
30 Les iridées.

Classe IV. — *Monoépigynées.*

31 Les musacées.
32 Les amomées.

33 Les orchidées.
34 Les hydrocharidées.

IIIe DIVISION. — Plantes dicotylédones.

APÉTALES.

Classe V. — *Epistaminées.*

35 Les aristolochiées.

Classe VI. — *Péristaminées.*

36 Les osyridées.
37 Les myrobolanées.
38 Les éléagnées.
39 Les thymélées.

40 Les protéacées.
41 Les laurinées.
42 Les polygonées.
43 Les atriplicées.

Classe VII. — *Hypostaminées.*

44 Les amaranthacées.
45 Les plantaginées.

46 Les nictaginées.
47 Les plombaginées.

MONOPÉTALES.

Classe VIII. — *Hypocorollées.*

48 Les primulacées.
49 Les utriculinées.
50 Les rhenanthées.

51 Les orobanchées.
52 Les acanthacées.
53 Les jasminées.

54 Les verbénacées.
55 Les labiées.
56 Les personnées.
57 Les solanées.
58 Les borraginées.
59 Les convolvulacées.

60 Les polémoniacées.
61 Les bignoniées.
62 Les gentianées.
63 Les apocinées.
64 Les sapotées.
65 Les ardisiacées.

CLASSE IX. — *Péricorollées.*

66 Les ébénacées.
67 Les klénacées.
68 Les rhodoracées.
69 Les épacridées.

70 Les éricinées.
71 Les campanulacées.
72 Les lobéliacées.
73 Les stylidiées.

CLASSE X. — *Epicorollées synanthérées* (anthères conjointes).

74 Les chicoracées.
75 Les cinarocéphales.

76 Les corymbifères.

CLASSE XI. — *Epicorollées corisanthérées* (anthères disjointes).

77 Les dipsacées.
78 Les valérianées.
79 Les rubiacées.

80 Les caprifoliées.
81 Les loranthées.

POLYPÉTALES.

CLASSE XII. — *Epipétalées.*

82 Les araliacées.

83 Les ombellifères.

CLASSE XIII. — *Hypopétalées.*

84 Les renonculacées.
85 Les papavéracées.
86 Les crucifères.
87 Les cappavidées.

88 Les sapindées.
89 Les acérinées.
90 Les hypocratées.
91 Les malpighiacées.

92 Les hypéricées.
93 Les guttifères.
94 Les olacinées.
95 Les aurantiacées.
96 Les ternstromiées.
97 Les théacées.
98 Les méliacées.
99 Les vinifères.
100 Les géraniacées.
101 Les malvacées.
102 Les magnoliacées.
103 Les dilléniacées.
104 Les ochnacées.

105 Les simaroubiées.
106 Les anonées.
107 Les ménispermées.
108 Les berbéridées.
109 Les hermanniées.
110 Les tiliacées.
111 Les cistées.
112 Les violées.
113 Les polygalées.
114 Les diosmées.
115 Les rutacées.
116 Les caryophyllées.

CLASSE XIV. — *Péripétalées.*

117 Les paronychiées.
118 Les portulacées.
119 Les saxifragées.
120 Les cunoniacées.
121 Les crassulées.
122 Les opuntiacées.
123 Les loasées.
124 Les ficoïdes.
125 Les cercodiènes.

126 Les onagraires.
127 Les myrtées.
128 Les mélastomées.
129 Les lythraires.
130 Les rosacées.
131 Les légumineuses.
132 Les térébinthacées.
133 Les rhamnées.

APÉTALES A ÉTAMINES IDIOGYNES OU SÉPARÉES DU PISTIL.

CLASSE XV. — *Diclines.*

134 Les euphorbiacées.
135 Les cucurbitacées.
136 Les passiflorées.
137 Les myristicées.

138 Les urticées.
139 Les monimiées.
140 Les amentacées.
141 Les conifères.

Tel est le tableau des familles naturelles de M. de Jussieu. Comme c'est la méthode la plus en usage et d'après laquelle nous devons faire nos classifications, il est nécessaire de reprendre chaque classe pour nous faire une juste idée des caractères qui les distinguent.

CLASSES DES FAMILLES NATURELLES.

CLASSE Ire. — *Les Acotylédonées.*

(Acotylédonées).

Cette classe renferme les plantes qui sont privées de cotylédons, ou si quelques-unes en possèdent, comme on le soupçonne des fougères, on n'en est pas encore assuré. On voit dans cette classe l'organisation végétale dans sa plus grande simplicité : point de vaisseaux, point d'organes reproducteurs distincts. Cette organisation se complique un peu à mesure qu'on avance dans les familles; mais, par exemple, la famille des *algues* ne présente que des plantes composées de filaments simples ou rameux qui paraissent se reproduire comme les polypes par la séparation de leurs parties. Les *nostocs* ne sont qu'une substance gélatineuse et verte; les *byssus* sont semblables à des flocons cotonneux; les uns sont terrestres, les autres aquatiques.

Les plantes *marines* ou *varecs* forment comme une grande famille particulière dont l'organisation est très-simple : destinées à vivre dans l'eau, leur organisation a été modifiée en conséquence : on n'a pu y reconnaître de sève ascendante ni descendante, et il paraît qu'elles pompent leur nourriture par toute leur surface.

Les *lichens* avaient d'abord été placés parmi les algues; on en a fait ensuite une famille à part. Ils ont des formes extrêmement variées; tantôt ils sont comme des croûtes lépreuses, tantôt comme des membanes coriaces déchiquetées; la plupart couvrent les rochers, les vieux murs, les troncs des arbres, ou quelquefois pendent en longues barbes de leurs rameaux.

La famille des *hypoxylées* était aussi confondue avec celle des algues. Elle renferme les plus petits végétaux; ils croissent sur les plantes mortes ou vivantes; ils sont de la grosseur d'une tête d'épingle, s'ouvrent à la maturité, et laissent échapper une matière mucilagineuse qui, en se séchant, devient une poussière très-fine qu'on suppose être la graine.

La famille des *champignons* n'a pas de limites bien arrêtées; il y a plusieurs végétaux qu'on joint ou qu'on retranche à cette famille. Les champignons proprement dits sont d'une consistance molle, charnue et poreuse; le haut se développe en parasol, le dessous est formé de lames; le haut se nomme *chapeau;* les uns ont un pédicule simple ou rameux, d'autres sont sessiles. Leur mode de reproduction n'est pas connu. Ils viennent dans les lieux sombres et humides, sur les bois pourris; ils croissent promptement et meurent de même; cependant l'espèce appelée *bolet* dure plusieurs années.

La famille des *hépatiques* tient des lichens par ses expansions membraneuses et foliacées, et des mousses avec lesquelles elle a des rapports plus nombreux. On commence à distinguer quelque, chose de la reproduction; il y a un style et un stigmate à peine visibles.

A mesure que nous avançons dans l'énumération des familles, nous voyons l'organisation des plantes devenir plus parfaite et plus compliquée; ainsi, dans les *mousses*, nous commençons à distinguer des tiges, des feuilles et même des graines renfermées dans une capsule ou coiffe. Linnée ne l'avait pas vu, mais de nouvelles expériences faites depuis mettent la chose hors de doute.

La famille des *lycopodiacées* se rapproche des mousses par le port et les lieux où elle croît, mais s'en éloigne par le mode de reproduction; elle a des réceptacles axillaires remplis d'une poussière fine; dans quelques espèces, cette poussière s'enflamme et rend une lumière éclatante si on la jette sur un corps embrasé.

La famille des *fougères*, quoique renfermée dans les acotylédones, est bien éloignée des premiers individus que nous avons décrits, et se rapproche beaucoup des autres végétaux par son port et ses belles feuilles; il y en a dans les régions équinoxiales qu'on peut, à cause de leur grandeur, assimiler à des palmiers d'un ordre inférieur. Leur mode de reproduction est tout différent : on voit, à la face inférieure des feuilles, le long des nervures ou à leur extrémité, des taches disposées de différentes manières et qui ressemblent à des œufs d'insectes; ces sortes de taches sont recouvertes d'un opercule qui se fend à la maturité et laisse échapper une poussière fine qui, confiée à la terre, produit de nouvelles fougères.

Les familles des *salviniées* et des *équisétacées* ne sont pas encore bien déterminées : la première a quelque rapport avec les fougères; la seconde tient à cette famille par son mode de reproduction; mais son port et son organisation paraissent la rapprocher des dicotylédones.

CLASSE II. — *Monohypogynées.*

(Monocotylédones).

Cette seconde classe fait partie des plantes monocotylédones, où l'on trouve une organisation bien plus compliquée que dans les acotylédones; les organes de la reproduction sont tout à fait distincts, toutes ces plantes sont pourvues d'étamines et de pistils ; quelques-unes, mais rarement, sont monoïques ou dioïques, c'est-à-dire qu'elles ont les étamines et les pistils sur des fleurs ou des individus séparés. Lorsque la semence confiée à la terre se développe, elle présente un cotylédon qui a une radicule et une plumule ; celle-ci devient une feuille. Dans ces plantes, les feuilles sont toujours alternes quoiqu'elles aient quelquefois l'apparence d'être opposées.

Les monohypogynées ont les étamines ordinairement en nombre déterminé, insérées sur le même réceptacle que le calice ; l'enveloppe florale est en général composée d'écailles ou de paillettes; dans d'autres c'est une spathe; l'ovaire est supérieur, surmonté d'un ou de plusieurs styles , ou de stigmates sessiles ; le fruit est uniloculaire à une ou plusieurs semences : ces semences sont nues ou recouvertes d'une enveloppe coriacée et indéhiscente. Les familles des graminées et des cypéracées sont comprises dans cette classe.

CLASSE III. — Monopérigynées.

(Monocotylédones).

Dans cette classe, les étamines sont posées autour du pistil et insérées sur l'enveloppe florale, opposées aux divisions de cette enveloppe, à laquelle Jussieu donne le nom de calice et que d'autres appellent corolle ; elle est d'une seule pièce, tubulée et quelquefois profondément découpée ; dans quelques-unes il y a une spathe pour chaque fleur ; dans d'autres, une spathe commune contient toutes les fleurs avant leur épanouissement. Ces fleurs ont un ou plusieurs ovaires ; les fruits sont uniloculaires ; ils s'ouvrent intérieurement en deux valves, aux bords desquelles les semences sont attachées.

Les fleurs à un seul ovaire sont les plus nombreuses. Le style est simple ou triple, quelquefois nul, le stigmate simple ou divisé. Le fruit est une baie ou une capsule à trois loges, une ou plusieurs semences dans chaque loge. Dans les baies, les semences sont attachées à l'angle intérieur ; dans les capsules, ordinairement à trois valves, elles sont attachées sur les bords d'un réceptacle saillant formant une cloison qui sépare chaque valve en deux.

Les familles des palmiers, des liliacées, des iridées, etc., sont dans cette classe.

CLASSE IV. — *Monoépigynées.*

(Monocotylédones).

Cette classe ne se distingue de la précédente que par la position des étamines, qui sont toujours en nombre défini et placées sur l'ovaire ou sur le style. L'ovaire est unique ; ordinairement il n'a qu'un style surmonté d'un stigmate simple ou divisé. Le fruit est une baie ou capsule à une ou plusieurs loges. La famille des orchidées est dans cette classe.

CLASSE V. — *Epistaminées.*

(Dicotylédones apétales).

Les dicotylédones, comme nous l'avons déjà dit, renferment les végétaux les mieux organisés; c'est seulement dans les dicotylédones qu'on trouve ces grands végétaux ligneux qui atteignent le plus haut degré de perfection. Cette division des dicotylédones comprend les quatre cinquièmes des végétaux connus. M. de Jussieu a senti la nécessité des sous-divisions ; il a donc distingué les apétales, les monopétales et les polypétales, et à chacune de ces sous-divisions il a appliqué la triple insertion des étamines comme dans les monocotylédones.

Dans les *épistaminées*, le calice (ou la corolle selon d'autres) est d'une seule pièce, les étamines attachées au pistil et en nombre défini; l'ovaire est inférieur, le style presque nul, le stigmate simple ou divisé. Le fruit consiste en une baie ou capsule à une ou plusieurs loges.

Cette classe ne comprend qu'une famille, les aristolochiées.

CLASSE VI. — *Péristaminées.*

(Dicotylédones apétales).

Cette classe a les étamines en nombre défini ou indéfini attachées à l'orifice du calice (c'est-à-dire périgynes); celui-ci est d'une seule pièce, entier ou à plusieurs divisions; quelquefois des écailles, qui ressemblent à des pétales, sont attachées à ses bords. L'ovaire est supérieur ou inférieur, ou seulement recouvert par le calice, avec un ou plusieurs styles, un stigmate simple ou divisé, quelquefois sessile. Le fruit est monosperme ou à une graine, rarement polysperme ou à plusieurs graines, ou bien c'est une semence nue. Les familles des laurinées et des thymélées sont dans cette classe.

CLASSE VII. — *Hypostaminées.*

(Dicotylédones apétales).

Les étamines dans cette classe sont hypogynes, c'est-à-dire insérées sur le réceptacle. Elles ont un calice entier ou composé de plusieurs pièces; très-ordinairement elles n'ont point de corolle; elle est quelquefois remplacée par des écailles hypogynes, c'est-à-dire qui portent les étamines:

celles-ci ont leurs filets libres, quelquefois monadelphes. L'ovaire est simple, supérieur, surmonté d'un ou plusieurs styles et d'un stigmate
simple ou divisé, quelquefois sessile. Le fruit
consiste en une seule semence ou en une capsule
à une ou plusieurs loges, monosperme ou polysperme. Les plantaginées et les amaranthacées
sont de cette classe.

CLASSE VIII. — *Hypocorollées.*

(Dicotylédones monopétales).

Nous voici arrivés aux fleurs complètes, c'est-
à-dire à celles qui, pourvues d'étamines et de
pistils, ont aussi une corolle et un calice.

Dans les hypocorollées, les étamines sont en
nombre défini, insérées sur la corolle, alternes
avec ses divisions, quand elles sont en même
nombre que les étamines ; l'ovaire est supérieur,
simple, quelquefois double (dans les apocynées),
le style simple, le stigmate simple ou divisé, le
calice monophylle, la corolle monopétale régulière ou irrégulière, placée sur le réceptacle ; le
fruit consiste en des semences nues au fond du
calice, ou bien renfermées dans un péricarpe
capsulaire ou en baie à une ou plusieurs loges.

Cette classe est très-nombreuse; elle comprend
les labiées, les personnées, les primulacées, etc.

Classe IX. — *Péricorollées.*

(Dicotylédones monopétales).

Elles ont un calice monophylle, quelquefois profondément découpé ; la corolle est régulière, rarement irrégulière, quelquefois à divisions très-profondes, insérée sur le calice ; les étamines, en nombre défini, rarement indéfini, sont attachées à la corolle ou au calice ; l'ovaire est simple, supérieur ou inférieur, ayant un seul style et un stigmate simple ou divisé ; le fruit est une baie ou une capsule à une ou à plusieurs loges. La famille des éricinées est dans cette classe.

Classe X. — *Epicorollées synanthérées* (anthères conjointes).

(Dicotylédones monopétales).

Cette classe renferme les fleurs composées appelées *syngénèses* par Linnée, et *synanthérées* par un auteur moderne. Ces fleurs sont tubuleuses, réunies dans un involucre commun, placées sur le même réceptacle, qui est nu ou garni de poils ou de paillettes. L'aigrette qui couronne la semence est regardée comme un calice partiel. La corolle est épigyne, placée sur le pistil ; les fleurs sont flosculeuses ou semi–flosculeuses. Les flosculeuses sont pourvues d'un tube dont le limbe

9

se divise en cinq segments assez réguliers ; les semi-flosculeuses ont un tube ordinairement très-court, qui se prolonge d'un côté en une lanière entière ou dentée à son sommet ; les étamines sont au nombre de cinq, les filaments sont libres et les anthères réunies ; elles sont insérées sur la corolle. Ces fleurs ont un seul ovaire, un style qui traverse le tube des étamines et se termine par un ou deux stigmates saillants et divergents. Le même involucre renferme dès fleurs toutes flosculeuses ou toutes semi-flosculeuses, ou des flosculeuses au centre et des semi-flosculeuses à la circonférence. Le fruit est une semence nue ou couronnée par une aigrette.

Dans cette classe se trouvent les chicoracées.

Classe XI. — *Epicorollées corysanthérées* (anthère disjointe).

(Dicotylédones monopétales).

Cette classe comprend des fleurs *agrégées* ou fausses composées. On les a ainsi nommées parce que chaque fleur a un calice propre (les scabieuses). Ce calice est monophylle, la corolle monopétale semble quelquefois être polypétale, parce que les découpures sont si profondes, que les pièces ne sont réunies qu'à la base, très-souvent régulières ; les étamines sont en nombre défini, les filets insérés sur la corolle, les anthères libres, l'ovaire simple, inférieur, ayant un ou plusieurs styles et autant de stigmates ; le fruit est capsulaire ou en baie, à une ou à plusieurs loges , à une ou à plusieurs semences.

Cette classe renferme les valérianées et les rubiacées.

CLASSE XII. — *Epipétalées.*

(Dicotylédones polypétales).

Nous voici maintenant arrivés aux fleurs polypétales dont les épipétalées sont la première classe. Cette classe ne renferme que deux familles, les araliacées et les ombellifères, famille très-naturelle et très-nombreuse. Le calice est monophylle ; la corolle composée ordinairement de cinq pétales attachés sur un limbe glanduleux qui entoure l'ovaire ; les étamines épigynes en même nombre que les pétales et alternes avec eux ; l'ovaire est inférieur, simple, surmonté d'un style, quelquefois plus, et d'autant de stigmates. Les semences sont nues ou renfermées dans un péricarpe divisé en autant de loges qu'il y a de semences.

Classe XIII. — *Hypopétalées.*

(Dicotylédones polypétales).

Le calice, rarement nul, est formé d'une ou de plusieurs pièces ; les pétales sont quelquefois rapprochés par la base, de manière à faire paraître la fleur monopétale ; les étamines, en nombre défini ou indéfini, sont hypogynes, c'est-à-dire placées sur le réceptacle de la fleur ; les filets sont libres ou quelquefois réunis en tubes et rarement en plusieurs paquets ; l'ovaire supérieur ; plusieurs réunis en un seul ou séparés ; un ou plusieurs styles, quelquefois nul, autant de stigmates; le fruit à une ou à plusieurs loges, ou plusieurs fruits sur le même réceptacle, renfermé chacun dans un péricarpe uniloculaire.

Cette classe renferme beaucoup de familles dont quelques-unes sont très-nombreuses, telles que les crucifères, les caryophyllées, les renonculacées, etc.

Classe XIV. — *Péripétalées.*

(Dicotylédones polypétales).

Le calice est seulement découpé au bord, ou l'est profondément; il est monophylle; la corolle, située au fond ou au haut du calice, est quelquefois nulle; quelquefois aussi, mais rarement, les pétales sont adhérents, ce qui donne l'aspect d'une fleur monopétale; les étamines sont périgynes, c'est-à-dire insérées sur le calice, quelquefois réunies par les filets; un ou plusieurs ovaires supérieurs, rarement inférieurs, ayant chacun un ou plusieurs styles, ou bien un stigmate sessile entier ou divisé; le fruit à une ou plusieurs loges, ou bien plusieurs fruits munis chacun d'un péricarpe uniloculaire.

Dans cette classe sont les familles des légumineuses, des saxifrages, etc.

CLASSE XV. — *Dicotylédones diclines.*

Jusqu'ici la distinction des classes a été basée sur la situation des étamines par rapport au pistil. Cette base ne peut plus servir pour les diclines ou plantes dans lesquelles le pistil et les étamines sont sur des fleurs séparées; on en a donc fait une classe à part sous le nom de *diclines*. Cette classe comprend les *monoïques*, c'est-à-dire les plantes dans lesquelles les étamines et le pistil sont sur des fleurs différentes, mais sur le même individu; les *dioïques*, dont les fleurs à étamines, ou fleurs mâles, sont sur un individu, et les fleurs à pistil, ou fleurs femelles, sur un autre; et les *polygames*, lorsqu'il se trouve sur la même plante des fleurs hermaphrodites, parmi

des fleurs, les unes à pistil et les autres à étamines.

Le calice est monophylle ou monosépale, quelquefois remplacé par une écaille, le plus souvent
il n'y a point de corolle, mais elle est assez fréquemment remplacée par des écailles ou par les
divisions pétaliformes du calice. Les étamines
sont placées au fond ou au bord du calice ; elles
sont le plus souvent en nombre indéfini, les filets
libres, quelquefois réunis en forme de pivot central. Les fleurs à pistil, ou femelles, renferment
un ou plusieurs ovaires supérieurs, quelquefois
inférieurs, avec un ou plusieurs styles et autant
de stigmates, quelquefois sessiles. Le fruit est
très-variable dans sa forme et dans le nombre de
ses loges.

Cette classe renferme les familles des cucurbitacées, des amentacées, etc.

Nous ferons remarquer que les quatorze premières classes ne renferment que des fleurs hermaphrodites. Quelquefois elles paraissent n'avoir
qu'un pistil ou que des étamines, mais c'est ac-
cidentel ; s'il s'en trouve quelques-unes qui vraiment aient des fleurs mâles et des fleurs femelles
séparées, c'est que des rapports nombreux de
caractères les ont fait placer dans les familles
parmi lesquelles elles se trouvent.

MÉTHODE ANALYTIQUE.

Tous les travaux et toutes les classifications que nous venons de détailler avaient fait de la botanique une véritable science ; mais elle n'était que pour les savants, ou du moins pour les hommes instruits ; car tous ces livres étant écrits en latin, l'étude en était interdite au plus grand nombre, et particulièrement aux femmes , tandis que , pour son utilité et son agrément , cette étude aurait dû être généralement cultivée. Ce besoin fut senti , et M. de Lamark publia en 1778 sa *Flore française*, dans laquelle les végétaux sont rangés dans un ordre tel qu'on peut, sans le secours d'un maître , parvenir à reconnaître toutes les plantes qui se trouvent décrites dans ce livre.

Cette méthode , connue sous le nom de *Méthode analytique*, conduit l'observateur pas à pas jusqu'à ce qu'il ait trouvé le nom de la fleur. On y présente toujours deux caractères tellement opposés qu'ils ne peuvent se trouver sur la même fleur ; on examine, par une observation attentive de la fleur qu'on veut déterminer, lequel de ces deux caractères lui appartient. Pour cela il faut nécessairement avoir cette fleur sous les yeux , et qu'aucune de ses parties ne soit endommagée. Ce caractère vous renvoie à un numéro sous lequel sont présentés deux nouveaux caractères opposés, entre lesquels il faut encore choisir; et en avançant par cette marche de numéro en numéro, l'on finit par arriver au nom de la fleur. Pour faire usage de la méthode analytique, il faut avoir quelques connaissances en botanique, en particulier bien posséder tous les termes qui désignent les diverses parties des fleurs. Ce que nous avons dit dans la première partie de ces leçons est tout à fait suffisant pour cela. Ce travail demande un peu d'attention et d'observation, mais il est attrayant : on éprouve un vrai plaisir à examiner toutes les parties d'une fleur et à découvrir son nom, sa famille, sa classe, sans le secours d'aucun maître.

Un exemple rendra plus sensible ce que nous venons de dire. Supposons que nous ayons le pavot coquelicot, et qu'ignorant le nom de cette fleur nous voulions le trouver au moyen d'une table analytique : nous en parcourrons, dans le tableau suivant, tous les numéros qui renferment chacun deux caractères, l'un qu'il faut retenir, l'autre qu'il faut laisser (1). Nous écrivons en italique le premier pour le distinguer :

1 {
Fleurs distinctes, 2.
Fleurs indistinctes, 899.
}

(1) Cet exemple et ces numéros sont tirés de la *Flore française.*

2 { *Fleurs disjointes*, 3.
   Fleurs conjointes, 796.

3 { *Fleurs hermaphrodites*, 4.
   Fleurs unisexuelles, 695.

4 { *Fleurs complètes*, 5.
   Fleurs incomplètes, 509.

5 { Corolle monopétale, 6.
   Corolle polypétale, 211.

211 { *Ovaire libre ou dans la corolle*, 212.
   Ovaire adhérent au calice ou sous la corolle, 421.

212 { *Un seul ovaire*, 213.
   Plusieurs ovaires, 390.

213 { *Corolle régulière*, 214.
   Corolle irrégulière, 335.

214 { Dix étamines ou moins, 215.
   Onze étamines ou plus, 319.

319 { *Calice à deux folioles ou à deux lobes profonds*, 320.
   Calice à plus de deux folioles ou de deux lobes, 322.

320 { Cinq pétales, calice persistant (Pourpier).
   Quatre pétales, calice caduc, 321.

321 { *Cinq à dix stigmates, ovaire glanduleux ou ovoïde* (Pavot).

Après qu'on a trouvé la fleur examinée, on va chercher dans l'ouvrage où toutes ces fleurs sont décrites, et là se trouvent présentées les diverses espèces de cette fleur. Alors, par une observa-

8.

tion attentive, on détermine l'espèce à laquelle appartient la fleur dont on s'occupe.

Outre la grande table analytique de la *Flore française*, on en a fait de partielles, telles que celles qui se trouvent dans la *Méthode éprouvée pour connaître les plantes des environs d'Orléans*, dans la *Flore du Dauphiné*, etc. Il peut y avoir dans chaque table quelques différences pour les termes et la rédaction, mais avec un peu d'attention on se retrouvera même dans celles dont on n'est pas habitué de se servir.

On peut appliquer la méthode analytique aux différents systèmes et méthodes dont on se sert en botanique, cependant ce sont les familles naturelles de M. de Jussieu qu'on suit d'ordinaire. M. de Candolle a donné une nouvelle édition de la *Flore française* de M. de Lamark, où ses divisions sont fondées en général sur la méthode de Jussieu ; mais il y a fait des changements fondés sur ce principe, que la nature ne suivant point de système dans sa marche ne peut être soumise à des divisions tranchées et régulières. Il y a quelquefois des caractères très-marqués, mais le plus souvent les changements sont si gradués d'une plante à l'autre, qu'il est impossible de désigner l'espèce dans laquelle le changement a lieu. D'après cela, M. de Candolle, dans son excellent ouvrage, donne des explications aussi claires que judicieuses, et, quoique suivant d'ordinaire la méthode naturelle, il emploie aussi quelquefois les caractères donnés dans les systèmes, lorsqu'il pense que cela pourra rendre la chose plus claire et faire qu'on se retrouvera plus aisément dans sa table analytique.

QUATRIÈME PARTIE.

HERBORISATION PRATIQUE.

——•••——

DE L'HERBORISATION PROPREMENT DITE.

La botanique n'est pas une étude sédentaire :
si l'on se borne à lire ou à voir des gravures,
même les mieux faites, on ne saura jamais rien
de bien et on sera bientôt dégoûté. C'est dans les
champs, nous l'avons déjà dit au commencement
de ces leçons, c'est dans les champs qu'il faut
étudier; aussi l'herborisation est-elle une des parties essentielles de la botanique, et en même
temps l'une des plus attrayantes. Si l'on veut s'y
livrer dans toute son étendue, elle n'a de bornes
que celles du monde, puisque partout la main
libérale du créateur a semé les végétaux en abondance. Ce n'est même que par les voyages que nos
connaissances pourront être complètes, puisque
chaque climat a ses productions particulières.
C'est pour cela que tous les botanistes ont fait de

longs et pénibles voyages par lesquels ils ont enrichi leur pays et la science de leurs pacifiques
conquêtes. Beaucoup de végétaux remarquables
par leur utilité ou leur agrément nous ont été
ainsi apportés, et quelques-uns sont devenus
presque indigènes.

Mais ce n'est pas sous ce point de vue que nous
voulons considérer l'herborisation ; nous nous
bornerons à un cercle plus étroit, et nous parlerons de promenades et non de voyages.

Lorsqu'on va faire une course pour herboriser,
il faut 1° se munir d'une boîte en fer-blanc, de
forme cylindrique, avec un couvercle à charnière, et à chaque extrémité un anneau auquel
on attache un ruban pour porter à volonté cette
boîte en sautoir. Elle est destinée à recevoir les
fleurs et à les conserver jusqu'à ce qu'on soit
rentré ;

2° Il faut prendre une loupe pour pouvoir
examiner les plus petites fleurs. Si l'on était
privé de cet instrument, on ne pourrait jouir
d'une grande quantité de ces petites plantes dont
la délicatesse rend la structure plus intéressante
que celle des fleurs qui, par leur grandeur, frappent le plus nos yeux ;

3° Un canif et une paire de pinces pour détacher et pour tenir plus aisément les fleurs ou les
parties des fleurs qu'on veut examiner ;

4° Un bon couteau pour couper les branches

et arracher les racines. Un fer de houlette adapté à un bâton, dont l'autre bout formerait crochet pour atteindre aux branches, serait encore préférable à un couteau ;

5° Un ouvrage de botanique peu volumineux, renfermant les plantes du pays et ayant une *table analytique* pour vous mettre en état de déterminer les fleurs (1) ;

6° Un crayon et des tablettes pour pouvoir noter ses observations s'il y a lieu d'en faire.

Une herborisation ne ressemble pas à une promenade ordinaire : il ne faut ni des allées de jardin, ni même des grandes routes, mais la campagne, véritablement la campagne. Moins les endroits sont fréquentés, mieux ils valent, plus

(1) Nous aurions désiré nous-même joindre à notre ouvrage la table analytique dont nous parlons ; mais cette table ayant nécessairement besoin d'être accompagnée d'un volume assez considérable de descriptions, l'on conçoit que c'était tout à fait en dehors de notre plan. D'ailleurs il existe un ouvrage qui remplit entièrement ce but et que nous nous faisons un plaisir de recommander: c'est la *Flore du Dauphiné, ou description succincte des plantes du Dauphiné*, par A. Mutel, deux vol. in-12 avec planches ; Grenoble, chez Prudhomme, libraire.

Cet ouvrage est d'autant plus avantageux qu'il peut servir dans presque toute la France, car le Dauphiné, contrée si riche pour la botanique, contient presque toutes les plantes du royaume, à l'exception de celles des bords de la mer.

on peut se promettre une récolte abondante et intéressante. Les bois, les forêts, les prairies, les montagnes, les rochers, le bord des ruisseaux, voilà ce qu'il faut ; rien ne doit être négligé. On est sûr d'être dédommagé de sa fatigue par quelque jolie découverte et par la joie de rapporter à la maison de quoi faire des observations nouvelles, et d'avoir fait une promenade qui a été utile à la santé et n'a pas été perdue pour l'instruction.

Herbier.

Le plaisir de l'herborisation est, sans contredit, le plus vif que procure la botanique; mais il ne peut être toujours à notre portée. On n'est pas toujours libre d'aller faire ainsi de longues courses ; et dans le temps des pluies, des neiges et de la glace, le coin du feu a un charme qu'on ne quitte pas aisément; d'ailleurs, à cette époque, la nature est morte, et son livre est fermé pour nous. Mais même alors le botaniste ne néglige pas sa science favorite, et son herbier vient l'occuper et l'intéresser : chaque plante qu'il revoit lui rappelle le lieu et le temps dans lequel il l'a cueillie ; il peut à loisir renouveler ses observations et mettre son repos à profit. Tel est le but de l'herbier.

Un herbier est une collection de plantes desséchées. Il faut quelques soins pour en composer un; nous allons donner à ce sujet des indications générales, en préférant les méthodes les plus simples.

La première chose à observer, c'est de faire un bon choix, de prendre des individus nés dans le terrain qui leur est propre. Ainsi, si par hasard on trouvait dans un lieu sec une plante qui demande une terre grasse, il ne faudrait pas la prendre; elle serait nécessairement rabougrie, et donnerait de son espèce une idée imparfaite. Il faut aussi faire attention que les insectes n'aient endommagé ni les feuilles ni les fleurs. Si on le peut, il faut cueillir les plantes après que le soleil a pompé l'humidité; cependant, comme ce n'est pas toujours possible, et qu'on risquerait de laisser des fleurs qu'on ne retrouverait pas, on réussira de même à les dessécher en les séchant bien avec un linge et en multipliant les pressions. Il faut donc choisir une plante où il y ait des feuilles, des fleurs, et, s'il était possible, des fruits; mais, comme cela ne se peut guères, on cueillera les fruits dans leur saison et on les joindra à la plante. Si les feuilles radicales sont différentes des caulinaires, il faut prendre des unes et des autres. Lorsque ce sont de très-grandes herbacées, des arbrisseaux ou des arbres, on prend seulement une branche et on peut indiquer par une note la grandeur du végétal.

Lorsque le choix est fait, on a des feuilles de papier gris non collé; ou étend chaque plante dans une feuille de ce papier, ayant soin de mettre la plante dans sa position naturelle : on se sert de lames de plomb ou de pièces de monnaie pour tenir à leur place et ouvertes les feuilles et les fleurs; on retire ces pièces en mettant une nouvelle feuille de papier; on a soin de presser d'une main à mesure qu'avec l'autre on ôte les pièces qui tenaient la plante. Entre chaque feuille de papier contenant une ou plusieurs plantes, on met trois ou quatre feuilles du même papier, dans lesquelles il n'y a rien. Lorsqu'on a de douze à quinze feuilles renfermant des plantes, on met sur le tout une planche pour empêcher la communication de l'humidité et pour rendre la pression plus égale; et quand on a terminé sa pile, on se sert d'une presse ou bien on met dessus un corps pesant.

Le succès de l'opération dépend de la promptitude de la dessiccation; pour la hâter, il faut changer les plantes de papier au bout de douze heures la première fois, et de vingt-quatre les suivantes, jusqu'à ce qu'elles soient parfaitement sèches. On peut, en les changeant, les laisser à l'air pendant une heure. Il faut quelques précautions pour changer les plantes : elles sont quelquefois attachées à la feuille de papier qui les renferme, et si on allait vite, on les dechirerait. Il faut donc aller tout doucement et les détacher en les retenant avec la lame d'un couteau.

La première pression doit être faible ; si elle était trop forte, elle ferait extravaser la sève, ce qui noircirait la plante ; mais, à mesure que celle-ci approche de sa dessiccation, on peut sans inconvénient presser plus fortement.

Quelques personnes emploient un procédé qui conserve mieux les couleurs. Après avoir arrangé leurs plantes dans du papier, ainsi que nous l'avons indiqué, elles les recouvrent d'un sable très-fin et bien sec, et les exposent à l'ardeur du soleil ; l'humidité s'échappe à travers le sable, et la dessiccation étant plus prompte, les couleurs s'altèrent moins.

Les plantes étant parfaitement sèches, on les met dans des feuilles de papier blanc ; quelques personnes les fixent avec de petites bandes de papier, gommées à leurs extrémités, qui n'endommagent rien et qu'on pourrait ôter si l'on voulait ; d'autres ne les fixent pas, pour pouvoir les ôter et les retourner afin de les voir de tous côtés. On écrit au-dessous de la plante son nom, son espèce et d'ordinaire le lieu où elle a été trouvée, et sur la première page que présente la feuille fermée, on indique la famille et la classe.

Pour les plantes marines, il faut employer un autre procédé. On les lave d'abord dans l'eau douce, et on les y laisse tremper plusieurs heures pour les nettoyer du sable et du limon qu'elles entraînent avec elles et pour leur ôter tout le sel dont elles sont imprégnées. Sans cette précaution elles conserveraient toujours de l'humidité et se pourriraient au lieu de se dessécher.

Ces plantes étant extrêmement délicates, il serait impossible de les arranger comme il faut en les prenant avec les doigts ; on introduit donc sous la plante, dans le vase plein d'eau qui la renferme, une feuille de papier, et on la soulève doucement pour emporter la plante dans la position naturelle qu'elle avait dans l'eau. Malgré les précautions qu'on prend, on dérange toujours un peu la plante; mais, en employant une aiguille à bas, on remet facilement les parties courbées ou dérangées. Il y a des plantes marines avec lesquelles on fait de jolis tableaux par ce même procédé. Il y en a d'autres qui sont charmantes dans leur état de fraîcheur, mais qu'on ne peut conserver parce qu'elles se décolorent entièrement et perdent même leur forme à cause de l'extrême délicatesse de leur tissu.

Un herbier est très-utile pour la science ; il donne la facilité aux savants de se communiquer leurs observations et de s'enrichir des végétaux exotiques. Quand une plante est bien desséchée, on peut, en la soumettant avec précaution à l'action de l'eau chaude, la faire revenir au point de pouvoir reconnaître et examiner ses parties les plus délicates. Un herbier peut donc servir à conserver les découvertes déjà faites, à en faire faire de nouvelles, et à rectifier les erreurs. Quant à ceux qui étudient modestement la botanique, et qui en font plutôt un amusement qu'une science, un herbier leur est encore utile : en le visitant, on se familiarise avec les fleurs, leurs noms, les familles et les classes auxquelles elles appartiennent ; c'est un agréable journal qui nous rappelle nos promenades les plus intéressantes et les circonstances qui les ont accompagnées. Tous ceux qui s'occupent de botanique doivent donc mettre un soin particulier à se former un herbier et à le faire le plus complet qu'il leur sera possible.

DE QUELQUES PLANTES UTILES OU CURIEUSES A CONNAITRE.

Ce que nous avons dit dans les précédentes parties constitue proprement toute la science de la botanique ; on ne trouve rien de plus dans les cours plus étendus, si ce n'est de plus grands développements sur chacune des parties que nous avons traitées. Cependant, dans ces ouvrages, il reste un vide qu'on aimerait de voir rempli, surtout lorsqu'on étudie la botanique pour son plaisir ou pour son usage particulier, et non comme savant. Ce vide, c'est qu'on ne dit rien des qualités des plantes comme médicaments ou comme appliquées aux arts. Nous voulons donc donner ici, sous ce double rapport, une idée de quelques végétaux. Quand on aura analysé une fleur, on sera bien aise de savoir à quoi elle peut être employée; en la cueillant, on trouvera à côté du but agréable un but utile : ainsi, si l'on habite la campagne, on pourra faire soi-même ses provisions de celles qui sont bonnes à être séchées et conservées. On aura soin pour cela de les faire sécher le plus promptement possible, et de les renfermer ensuite dans de petits sacs de papier. Ce sera une douce occupation qui nous rappellera la bonté du créateur, qui n'a pas seulement donné aux fleurs un extérieur brillant, une élégante symétrie, mais qui encore les a douées de la propriété de guérir ou d'adoucir nos maux. Pour ce que nous avons à dire à cet égard, nous avons principalement consulté l'ouvrage intitulé *Flore médicale*.

Voici d'abord une petite note des plantes qu'on peut, lorsqu'on est à la campagne, cueillir et conserver pour son usage :

La *mollène*, *bouillon blanc* (famille des solanées). Cette plante, qu'on appelle vulgairement *bonhomme*, est fort commune. Dans les pays chauds, elle atteint la hauteur de six pieds, et en a à peine deux dans les pays froids. Ses fleurs jaunes forment le long de la tige et jusqu'à son sommet un long et bel épi. Elles ont une vertu calmante ; on les fait bouillir légèrement dans l'eau ou dans le lait : on les emploie aussi en cataplasmes adoucissants. Cette plante fleurit dans l'été.

La *bourrache* (de la famille des borraginées). Elle a des fleurs d'un très-beau bleu, qui offrent un aspect fort agréable, étant relevées par les étamines noires qui se trouvent réunies au milieu. Le suc nitré dont la bourrache est imprégnée la rend salutaire dans les maladies inflammatoires. Elle facilite l'expectoration ; on emploie les fleurs et les feuilles. On la cueille en été.

La *buglose*, de la même famille que la bourrache, a de grandes ressemblances extérieures avec elle, et possède les mêmes qualités intérieures. Elle fleurit en juin et en juillet.

Le *lierre terrestre*, *glécome* (de la famille des labiées), qui a été ainsi nommé à cause d'une sorte de ressemblance avec le lierre. Il est très-commun et croît abondamment dans les prairies le long des haies. Il est légèrement tonique, propre à calmer la toux, à faciliter l'expectoration, et réussit très-bien dans les rhumes. On emploie les fleurs et surtout les feuilles. Cette plante fleurit en mai et en juin.

La *mélisse* (famille des labiées). Elle est employée comme échauffant tonique et stomachique ; elle facilite la digestion et redonne l'appétit. On en fait une eau connue sous le nom d'*eau de mélisse ;* elle est le principal ingrédient de l'eau de mélisse composée, ou *eau des carmes.* Elle fleurit dans les mois de juin et juillet.

La *sauge officinale* ou *petite sauge* (de la famille des labiées). Elle est éminemment tonique et stomachique ; elle convient aux tempéraments faibles. On emploie quelquefois les feuilles en guise de tabac à fumer. La sauge fleurit en été.

Le *sureau* (famille des caprifoliacées). C'est un arbrisseau qui, par sa grosseur, ressemble quelquefois à un petit arbre; on en fait aussi des haies. Il a de jolies fleurs blanches qui mériteraient qu'on cultivât l'arbuste pour le seul ornement. Fraiches, elles sont vomitives et purgatives; séchées, elles perdent ces qualités et sont excellentes pour toutes les maladies où il faut exciter la sueur : en cataplasmes, elles activent la résolution des tumeurs et des enflures. On les cueille en juin et en juillet.

L'écorce et les feuilles purgent avec violence , aussi ne faut-il les employer qu'avec précaution, d'après l'avis d'un médecin , et ne pas leur donner place, comme aux fleurs, dans la pharmacie domestique.

Le *tilleul* (famille des tiliacées). Il jouit depuis un temps immémorial d'une grande réputation. On employait autrefois les feuilles et l'écorce, maintenant on ne se sert que des fleurs, qui ont la propriété de calmer le système nerveux et de pousser à la peau. Lorsqu'on les cueille pour les faire sécher, il ne faut prendre que les fleurs et laisser les bractées qui les accompagnent. Le tilleul fleurit en juin.

Le *tussilage* (famille des composées de de Candolle, des corymbifères de Jussieu). Il croît sur les pentes un peu humides, exposées au soleil. Les tiges sont garnies d'écailles au lieu de feuilles, et portent chacune une fleur jaune à leur sommet; les feuilles ne viennent qu'après la floraison qui a lieu en mars et avril; elles sont radicales, grandes et cordiformes. Les fleurs de tussilage sont très-bonnes dans les rhumes pour calmer la toux.

La *violette* (famille des cistes de Jussieu, des violacées de de Candolle). Cette plante, dont le nom seul nous rappelle d'aimables idées par la modestie dont on l'a faite l'emblème, se recommande à nous comme adoucissante et utile dans les maladies inflammatoires. Son odeur si délicieuse n'est pas sans danger à cause de sa grande action sur le système nerveux : on a vu de graves accidents produits pour avoir laissé de ces fleurs dans une chambre à coucher. Cependant on ne doit avoir aucune crainte de les employer en infusion, parce qu'en se séchant elles perdent tout à fait ce parfum.

La *pensée* (de la famille des violettes), appelée aussi *violette tricolore*. Elle est regardée comme un excellent dépuratif pour les enfants, et elle a la propriété de porter à la peau.

Nous traiterons avec plus d'étendue les plantes suivantes, à cause de leur plus ou moins grande importance.

ACOTYLÉDONES.

FAMILLE DES CHAMPIGNONS.

Agaric amadouvier.

L'agaric amadouvier est un champignon qui croît sur le tronc des chênes, du tilleul, du bouleau, du noyer, du hêtre, etc. Il est assez gros, a la forme d'un chapeau, est sessile, attaché au tronc par le côté; son limbe, formant le demi-cercle, est convexe en-dessus, et partagé en bandes de diverses teintes brunes et rougeâtres.

Ce champignon est rarement employé à la teinture, et ne doit jamais l'être en médecine : sa grande utilité est de nous fournir l'amadou. Pour cela on cueille l'agaric et on le dépouille de sa partie extérieure, qui est presque ligneuse; on prend la partie intérieure, on la bat à coups de maillet pour la rendre souple, on la met dans une solution de nitre, et on la fait sécher. Cette opération se répète une seconde fois, et on a l'amadou qui est si commode et dont on fait un usage si fréquent. Quelquefois on l'imprègne de poudre à canon pour qu'il s'allume plus vite ; alors il a une couleur noirâtre, et pétille lorsqu'il prend feu.

De tout temps on a attribué à l'agaric amadouvier une vertu particulière pour arrêter les hémorrhagies des artères et étancher le sang des coupures : on a reconnu que ce champignon ne possédait aucune qualité propre à cela, mais que l'amadou qu'on en tire était employé utilement pour arrêter le sang comme corps spongieux qui, ayant la faculté de se gonfler, opposait au sang une forte résistance, et parvenait à en faire cesser l'écoulement en facilitant la formation du caillot qui ferme la plaie.

La famille des champignons contient, on le sait, plusieurs espèces qui servent d'aliment et qui sont même fort recherchées. Outre leur bon goût, quelquefois très-parfumé, ils contiennent des parties analogues aux substances animales, et par conséquent bien nutritives. Mais la quantité d'espèces vénéneuses que cette famille renferme et qu'il est souvent très-difficile de reconnaître, rend cet aliment très-dangereux et fait toujours quelques victimes qui avertissent qu'il vaut mieux renoncer à l'attrait de cet aliment. Cependant il est digne de remarque qu'on peut manger sans crainte les champignons secs, parce que les espèces vénéneuses pourrissent sans pouvoir se sécher, ce qui est un bienfait de plus de la Providence.

FAMILLE DES LICHENS.

Lichen d'Islande.

Nous avons vu que les lichens étaient des plantes acotylédones, c'est-à-dire de celles dont l'organisation est la plus imparfaite; ce ne sont que des expansions membraneuses et foliacées auxquelles on ne reconnaît ni tiges, ni fleurs, dont la fructification est inconnue, et qui n'offrent qu'un aspect triste lorsqu'elles sont isolées. Cependant, mêlées au gazon, étendues sur les troncs des arbres, ou tapissant les rochers, elles offrent une variété agréable. Là où aucune végétation n'a commencé, on trouve des lichens; là où elle cesse, on en retrouve encore. Eh bien! parmi ces végétaux qui nous semblent si imparfaits, il en existe un d'une utilité immense, c'est le lichen d'Islande, ainsi nommé parce qu'il croît surtout dans cette île; on le trouve aussi dans toutes les régions glacées. Ses expansions sont foliacées, longues de deux ou trois pouces, disposées à se former en gouttières, surtout vers le bas; elles sont d'un brun verdâtre, plus clair à la partie inférieure.

Ce lichen est d'une grande utilité pour la nourriture des habitants de ces âpres climats qui se refusent à la culture. Dieu y a pourvu et a remplacé les riches moissons des pays tempérés par une plante de peu d'apparence, qui croît partout et qui résiste au froid le plus rigoureux. Les Islandais vont par grandes troupes recueillir ce précieux végétal; ils le mettent dans des sacs, le font sécher au four, et, après l'avoir grossièrement pulvérisé, le conservent dans des barils. Pour s'en servir, on le réduit en poudre, on le fait bouillir avec l'eau, le lait et le petit-lait, et on en fait des soupes très-nutritives. Cette substance, à volume double, nourrit autant que le blé. En le mêlant avec un peu de farine, on en fait du pain de bonne qualité, mais qui a un goût amer auquel il faut être habitué. Cette saveur amère de la plante ne se perd pas tout à fait même par l'ébullition.

On fait avec le lichen une gelée qui a toutes les qualités de la gélatine, car il renferme une grande quantité d'un mucilage analogue à celui de la viande, et il en donne près de la moitié de son poids. Cette gelée est un aliment léger et restaurant, qui convient beaucoup aux estomacs délicats, et qui est un remède contre la phthisie. Le lichen en infusion est administré avec succès dans cette dernière maladie; il calme la toux, adoucit et fortifie; il est très-bon dans l'épuisement des forces. On l'emploie aussi en chocolat; enfin les qualités médicales de cette plante ne le cèdent pas à ses qualités nutritives.

Ce n'est pas un petit sujet de réflexion ni d'étonnement, dans l'étude de la nature, de voir comment le créateur a souvent caché dans les êtres les plus obscurs, les plus chétifs en apparence, les qualités les plus agréables ou les plus utiles. A ne considérer qu'à l'intérieur ce lichen informe qui n'offre qu'un aspect rude, sec et repoussant, presque sans vie, plante plus mystérieuse encore dans son ensemble que tant d'autres de cette famille de cryptogames à laquelle elle appartient, qui se douterait qu'il y eût là-dessous renfermée une substance alimentaire, aussi précieuse pour les malades que favorable aux bien portants? Dans le monde moral, cette plante peut être une image fidèle de ces chrétiens humbles, obscurs, dédaignés des hommes, *et comme le rebut de tous* (1), mais qui cependant renferment des vertus précieuses, des vertus célestes et douces, qui font du bien à être connues de près, qui sont la vraie dignité de l'homme, et retournent à la gloire de Dieu. Dieu, est-il écrit, *a choisi les choses viles de ce monde et les plus méprisées pour confondre celles qui sont* (2).

(1) 1 Corinth. **IV**, **13.**
(2) *Ibid*, ch. **I**, **28.**

MONOCOTYLÉDONES.

FAMILLE DES GRAMINÉES.

Canne à sucre.

Les graminées ont une tige nommée *chaume*, cylindrique, ordinairement creuse et marquée de nœuds d'espace en espace. Chaque nœud émet une feuille dont la base embrasse la tige. Les fleurs disposées en épi ou en panicule sont presque toujours hermaphrodites, quelquefois unisexuelles par avortement. Les fleurs sont enveloppées d'une écaille extérieure nommée *glume* (pl. IV, fig. 13 *a* et 13 *b*), qui est à une ou plusieurs valves, et qui renferme tantôt une seule fleur (pl. IV, fig. 13 *a*), tantôt plusieurs fleurs réunies (pl. IV, fig. 13 *b*), portant le nom d'*épillet*; l'enveloppe intérieure qui recouvre immédiatement les étamines et le pistil ressemble beaucoup à la glume et a reçu le nom de *balle*, *calice* ou *corolle*. Les étamines sont le plus souvent au nombre de trois (pl. IV, fig. 13 *a*) : elles ont des anthères oblongues et fourchues aux deux extrémités; l'ovaire est unique, libre et surmonté d'un style simple qui porte deux stigmates plumeux. Vus à la loupe, ces stigmates sont d'une élégance et d'une délicatesse extrêmes. L'ovaire est souvent entouré à sa base de deux petites écailles ovales et ciliées, analogues à une corolle. Les racines de quelques graminées paraissent bulbeuses, cela ne vient que du renflement des nœuds.

Cette famille contient les végétaux les plus utiles à l'homme, ceux qui lui fournissent du pain et toutes sortes de farines.

Le froment, le seigle et l'orge ont cela de particulier qu'ils naissent avec trois radicules, tandis que toutes les plantes connues n'en ont qu'une. Il semble que c'est un soin de la Providence pour pourvoir plus sûrement à la conservation de plantes si nécessaires à l'homme.

Le suc des tiges de quelques graminées est un mucilage sucré ; il est surtout abondant dans la canne à sucre, cette graminée si importante dont nous allons nous occuper.

La *canne à sucre* a été cultivée en Chine dès la plus haute antiquité. Il paraît qu'elle tire son origine des Indes orientales ; elle a été ensuite transportée dans les îles et sur le continent américain, où elle a parfaitement réussi.

Lorsque la canne à sucre est en fleur, elle offre un aspect fort agréable : ses racines fibreuses et obliques produisent plusieurs tiges droites, luisantes, épaisses d'un pouce et plus, hautes au moins de huit à dix pieds, pleines d'une moelle blanchâtre et succulente, nues à leur partie inférieure.

Ses feuilles, assez semblables à celles des roseaux, sont striées, d'un vert glauque-jaunâtre, larges d'un pouce, longues de trois ou quatre pieds, traversées par une nervure blanche, terminées par une longue pointe aiguë.

Un long pédoncule lisse, terminal et sans nœuds supporte un très-beau panicule argenté, long de deux pieds, divisé en ramifications grêles et nombreuses, chargées d'un grand nombre de fleurs blanches et soyeuses.

Chaque fleur est composée de deux valves calicinales ou servant de calice, munies extérieurement et à leur base d'un duvet long et soyeux. Elles ne contiennent qu'une seule fleur composée de deux valves corollaires, trois étamines et deux styles.

Ce sucre est contenu dans les tiges sous forme de sirop. Pour l'obtenir, on les coupe trois ou quatre mois après la floraison, on en sépare les feuilles qui servent à la nourriture des bestiaux. Ces tiges sont soumises à l'action d'un moulin qui les écrase et en fait sortir le suc qui, après avoir subi plusieurs opérations d'ébullition et de clarification, devient d'abord cassonade et ensuite ce sucre raffiné qui est d'un usage si universel.

Comme médicament, le sucre est adoucissant, relâchant et en même temps nourrissant; en trop grande quantité il devient quelquefois purgatif.

L'opinion populaire accuse le sucre de favoriser

le développement des vers intestinaux chez les enfants, mais des expériences réitérées ont prouvé que, loin de les favoriser, le sucre avait quelquefois provoqué l'expulsion d'un grand nombre de ces vers. Toutefois la propriété médicale la plus remarquable du sucre est d'être un contre-poison éprouvé pour le vert-de-gris ; des expériences exactes ont démontré que le sucre pris en quantité suffisante neutralisait l'action de cette substance.

On attribue au sucre en poudre une vertu détersive et on le met sur les plaies pour ronger les chairs trop élevées. Cette vertu ne s'accorderait point avec ses qualités adoucissantes, mais on pense que, dans ce cas, le sucre pulvérisé agit mécaniquement en irritant un peu les parties sur lesquelles on l'applique.

La vapeur aromatisée du sucre brûlé passe pour purifier l'air ; mais cette vapeur n'a pas d'action sur les miasmes contagieux, elle les masque seulement, et ils font autant de mal que si le parfum n'existait pas, mais l'odorat n'est plus frappé de ces émanations infectes.

La pharmacie fait un grand usage du sucre pour édulcorer les boissons, pour préparer les remèdes, pour rendre les uns plus agréables, pour cacher l'amertume des autres; il entre dans la composition de toutes les pâtes, pastilles, conserves, etc.

Considéré comme aliment, le sucre a eu des apologistes et des détracteurs; ces derniers accusent le sucre d'occasionner différents maux, d'abréger la vie, etc. L'expérience et de nombreux exemples sont venus détruire ces assertions; on a vu des personnes faisant un grand usage du sucre jouir d'une bonne santé et parvenir à un âge très-avancé. D'ailleurs cette substance se retrouve, et en grande quantité, dans une infinité de fruits et de racines, dans les figues, les raisins, etc., dans les carottes, les betteraves, etc. Une substance que le créateur a si généralement répandue dans les productions destinées à la nourriture de l'homme ne saurait lui être nuisible; en effet, le sucre est au contraire un aliment léger et nourrissant, qui plaît à presque tout le monde, surtout aux personnes d'un tempérament délicat et nerveux, aux femmes, aux vieillards, aux enfants.

Dans la cuisine, le sucre rend de grands services : associé à d'autres substances, il leur donne un goût très-agréable; il sert en même temps à conserver les fruits sous forme de confitures. Les limonadiers ne peuvent s'en passer pour leurs sirops et leurs sorbets. L'art du confiseur s'exerce uniquement à transformer le sucre en toutes sortes de bonbons et à l'associer à toutes les substances dont il se sert.

Le sucre ainsi préparé n'est plus aussi sain que

dans son état naturel. Nous pouvons apprendre de là que la simplicité est toujours ce qui vaut le mieux, au physique comme au moral, et que les substances telles que le créateur les a formées conviennent mieux pour notre corps que lorsque l'homme les défigure en cherchant trop à les embellir, ou en prétendant les perfectionner.

Enfin le sucre est d'un usage si général qu'on peut dire qu'il est devenu un objet de première nécessité et une des principales branches de commerce entre l'ancien et le nouveau monde. Eh ! qui n'admirerait ici cette bonté divine qui, ayant créé une substance à la fois si agréable et si utile, et qui joue un si grand rôle dans la nature, s'est plu à la renfermer essentiellement et avec abondance dans une plante particulière, afin que l'homme pût jouir plus pleinement de tous les avantages qu'elle est destinée à lui procurer ?

Riz.

Cette plante est connue depuis très-longtemps et a été mentionnée par les anciens botanistes sous le nom qu'elle porte aujourd'hui. Originaire des Indes orientales, elle s'est répandue rapidement dans tous les pays où elle a pu être cultivée.

Les fleurs de cette intéressante graminée sont disposées en une belle panicule. Chaque fleur est composée d'une bulbe calicinale et d'une corolle à deux valves ; deux petites écailles sont à la base de l'ovaire, qui a deux styles plumeux en massue, six étamines ; les semences sont blanches, obtuses à leurs deux extrémités, marquées de deux stries à chaque face, de consistance cornée.

Les feuilles sont longues, glabres, striées, très-semblables à celles de nos roseaux.

Le riz est une des plantes les plus utiles par ses qualités comme aliment et comme remède. Elle est la nourriture habituelle des Chinois, des Arabes, des Turcs, des Egyptiens, des Grecs modernes, etc. La force et la bonne constitution de ces peuples montrent que c'est un aliment très-sain. Il convient à tous les âges, à tous les sexes, à tous les tempéraments ; seulement, pour les forts, un léger degré de cuisson suffit, et pour les faibles il faut le réduire en bouillie. On le prépare de diverses manières, avec de l'eau et des aromates, du lait, du sel ou du sucre, du bouillon. On en fait des pâtes, des crèmes, des gâteaux très-nourrissants et de bon goût. On le réduit en farine qui sert à faire de la bouillie ; on en fait aussi du pain, mais, à cause de la petite quantité de gluten que contient le riz, la pâte ne peut être liée.

Le riz possède aussi des qualités médicales :
on l'emploie avec succès contre les maladies d'irritation ; il est excellent contre la diarrhée et la
dyssenterie : il agit alors non comme astringent,
mais comme adoucissant et comme nourriture
légère ; on a aussi obtenu du succès en l'employant contre le scorbut.

La plante qui fournit le riz offre deux variétés
remarquables : l'une qui croît en Cochinchine et
dans d'autres pays, sans eau, dans des terrains
secs et sur des montagnes ; l'autre qui demande
des terres entièrement submergées. La culture
de cette dernière est la plus étendue, et malheu-
reusement la seule connue en Europe ; elle rend
tout à fait insalubres les pays où elle est établie.
Les terres étant submergées une partie de l'année, lorsque les eaux s'écoulent, elles laissent à
découvert une grande quantité de matières animales et végétales qui répandent des exhalaisons
qui corrompent l'air et occasionnent constamment des maladies. Aussi les hommes occupés aux
rizières ont tous l'air malade et meurent avant
l'âge de quarante ans ; mais, comme cette culture
est très-lucrative, ils sont remplacés par d'autres
que l'appât du gain décide à braver une mort
presque certaine. Ces émanations occasionnent
aussi des épidémies meurtrières. Les gouverne-
ments devraient porter leur attention sur cet
objet, et introduire la culture du riz de la Co-

chinchine, qui aurait même l'avantage de pouvoir être cultivé dans des contrées où le riz aquatique ne peut venir.

Les chapeaux connus en France sous le nom de *chapeaux de paille d'Italie* sont tressés avec de la paille de riz.

FAMILLE DES PALMIERS.

Dattier.

Ces beaux végétaux ne croissent pas dans nos climats et donnent aux contrées où ils se trouvent un aspect tout à fait nouveau pour un Européen.

Les feuilles des palmiers sont pétiolées, toujours divisées en lanières linéaires, lesquelles sont tantôt disposées comme les doigts de la main, tantôt comme les folioles des feuilles ailées. Leurs fleurs naissent d'un spadice commun qui sort d'entre les feuilles et qui est entouré d'une spathe commune. Ces fleurs sont souvent monoïques ou dioïques, composées d'un périgone persistant, six étamines, quelquefois de vingt à cent, un ovaire simple, libre, de un à trois styles et huit stigmates. Le fruit est un drupe sec dont l'enveloppe est formée de fibres serrées dont le noyau est ligneux à une loge, une à trois graines osseuses ; l'embryon est petit et situé dans une cavité du périsperme.

Le dattier commence par n'être qu'un bouquet de feuilles sortant d'un gros bouton qui ressemble à une bulbe épaisse. Ce n'est qu'au bout de quatre ou cinq ans qu'il s'élève de terre ; chaque année, les feuilles tombent, les pétioles restent et composent le tronc que dans cette famille on appelle *stipe*, et qui se trouve formé par des espèces d'anneaux dont les aspérités servent ensuite pour monter sur l'arbre lorsqu'on veut cueillir les dattes. Ce tronc n'a aucune feuille, mais son sommet est couronné par un magnifique bouquet de feuilles longues de plus d'un pied, composées de folioles alternes et retombant avec grâce. De l'aisselle de ces feuilles sortent des spathes allongées qui laissent échapper une belle panicule composée de fleurs nombreuses auxquelles succèdent des fruits ovales allongés, d'une saveur succulente et ayant une semence presque ligneuse. Les dattiers sont dioïques.

On se servait autrefois beaucoup plus qu'aujourd'hui des dattes comme médicament ; nous pouvons les remplacer par des productions de nos contrées, telles que le miel, les figues, les jujubes, etc. D'ailleurs les dattes nous arrivant presque toujours dans un état d'altération ont perdu une partie de leurs qualités.

Les dattes sont une précieuse nourriture pour les habitans des pays où elles croissent ; on en fait toutes sortes de mets ; par une légère expression on en retire une sorte de sirop gras qui sert en guise de beurre; les gens riches en font des confitures excellentes; les pauvres s'en nourrissent presque entièrement. Les noyaux ramollis par l'ébullition servent à la nourriture des bœufs et des chameaux. On se sert du tronc pour la construction des hangars; avec le liber on fait des urnes très-solides; avec les feuilles et leurs forts pétioles, différents ustensiles domestiques.

Le dattier croît et se cultive particulièrement dans cette partie de la Barbarie connue sous le nom de *Pays des dattes*. C'est une vaste contrée sablonneuse, traversée par une branche de l'Atlas, d'où descendent des sources qui vont se perdre dans la plaine. Ce désert convient particulièrement au dattier qui a besoin d'humidité et d'un climat très-chaud; aussi y réussit-il parfaitement et offre-t-il à l'œil étonné du voyageur européen de vastes forêts, qui semblent formées d'élégantes colonnes surmontées de magnifiques chapiteaux. Quelquefois ces colonnes servent d'appui à des vignes qui s'y entrelacent d'une manière gracieuse. L'ombrage de ces arbres favorise la végétation. Sur le terrain qui les porte l'on trouve des fleurs et de la verdure, tandis que, dans les endroits privés de dattiers, le sol est tout à fait stérile. Quelle bonté de Dieu d'avoir ainsi préparé, au milieu de ces régions brûlantes, des jardins où l'homme peut trouver l'abri et la nourriture !

Sagou.

Le sagou est aussi un palmier. C'est de sa moelle que l'on fait usage ; on connaît qu'elle est au point convenable lorsque les feuilles de l'arbre se couvrent d'une rosée blanche ; alors on coupe le palmier, on le divise en tronçons de six ou sept pieds, on les coupe longitudinalement, et on en arrache la moelle avec laquelle on fait une fécule à laquelle on donne la forme de grains, en faisant une pâte qu'on fait passer à travers des vases de terre cuite percés de petits trous ; c'est dans cet état qu'on nous l'envoie en Europe. Le sagou n'est pas le seul palmier d'où l'on tire le sagou proprement dit, on peut aussi en tirer de tous les végétaux qui contiennent cette substance.

On fait avec le sagou des bouillies à l'eau et au sucre, au lait ou au bouillon : c'est un aliment très-léger et très-nourrissant, fort bon pour les personnes qui ont une vie sédentaire et occupée ; il convient aussi dans les maladies d'épuisement et dans celles de poitrine ; s'il ne les guérit pas, du moins il peut soutenir plus longtemps le malade.

Il ne conviendrait pas aux estomacs robustes

qui ont besoin d'aliments solides. Ce ne serait
pas non plus une bonne nourriture pour les habitants des pays froids; elle est excellente au
contraire pour ceux des pays chauds, et ce n'est
que dans ceux-ci qu'il peut croître, ce qui nous
est une nouvelle preuve que rien n'a été fait au
hasard, et qu'une providence paternelle a tout
combiné pour le plus grand bien de l'homme.

Cocotier.

Le cocotier est un palmier à feuilles ailées,
longues de douze à quinze pieds, larges de trois
pieds environ, et composées de deux rangs de
folioles. Du milieu de ces feuilles sortent de longues spathes qui s'ouvrent par le côté et laissent
échapper une panicule de fleurs sessiles d'un
blanc jaunâtre. Les fleurs femelles sont à la base,
et les fleurs mâles, beaucoup plus nombreuses
que les autres, occupent le sommet de la panicule. Aux fleurs femelles succèdent des fruits
appelés *cocos* ovoïdes, à trois angles arrondis.
La première enveloppe ou *brou* est épaisse,
très-fibreuse et nue, de couleur gris-brun à
l'extérieur ; au-dessous de ce brou se trouve
une coque à peu près de la grosseur d'un œuf
d'autruche, marquée à sa base de trois trous
inégaux, contenant une amande à chair blanche,
ferme et d'un goût très-délicat.

Un voyageur parcourait ces pays situés sous un ciel brûlant, où la fraîcheur et l'ombre sont si rares, et où l'on ne trouve qu'à des distances considérables quelque habitation où l'on puisse goûter un repos que la fatigue de la route rend si nécessaire. Accablé et haletant, ce pauvre voyageur aperçoit une cabane entourée de quelques arbres au tronc droit, élevé et surmonté d'un gros bouquet de feuilles très-grandes, dont les unes relevées et les autres pendantes avaient un aspect élégant et agréable; rien d'ailleurs, autour de cette cabane, n'annonçait un terrain cultivé. A cette vue qui ranime ses espérances, le voyageur rassemble ses forces épuisées, et bientôt il est reçu sous ce toit hospitalier. Son hôte lui offre d'abord une boisson aigrelette qui le désaltère et le rafraîchit. Lorsque l'étranger eut pris quelque repos, l'Indien l'invita à partager son repas ; il servit divers mets contenus dans une vaisselle brune, luisante et polie ; il servit aussi du vin d'une saveur extrêmement agréable. Vers la fin du repas, il offrit à son hôte des confitures succulentes, et lui fit goûter d'une fort bonne eau-de-vie. Le voyageur étonné demanda à l'Indien qui, dans ce pays désert, lui fournissait toutes ces choses. — « Mes cocotiers, lui répondit-il. L'eau que je vous ai offerte à votre arrivée est tirée du fruit avant qu'il soit mûr, et il y a quelquefois des noix qui en contiennent trois ou quatre livres. Cette amande d'un si bon goût est le fruit dans sa maturité ; ce lait, que vous trouvez si agréable, est tiré de cette amande ; ce chou si délicat est le sommet d'un cocotier ; mais on ne se donne pas souvent ce régal, parce que le cocotier dont on a ainsi coupé le chou meurt bientôt après. Ce vin dont vous êtes si content est aussi fourni par le cocotier : on fait pour cela des incisions aux jeunes tiges des fleurs, il en découle une liqueur blanche qu'on recueille dans des vases, et qui est connue sous le nom de *vin de palmier*. Exposée au soleil, elle s'aigrit et donne du vinaigre. Par la distillation, on en obtient cette bonne eau-de-vie que vous avez goûtée. Ce même suc m'a encore fourni le sucre pour ces confitures que j'ai faites avec l'amande. Enfin toute cette vaisselle et ces ustensiles qui nous servent à table ont été faits avec la coque des noix de cocos. Ce n'est pas tout, mon habitation elle-même je la dois toute entière à ces arbres précieux : leur bois a servi à construire ma cabane ; leurs feuilles sèches et tressées en forment le toit ; arrangées en parasol, elles me garantissent du soleil dans mes promenades ; ces vêtements qui me couvrent sont tissus avec les filaments de ces feuilles ; ces nattes qui me servent à tant d'usages différents en proviennent aussi. Les tamis que voilà, je les trouve tout faits dans la partie du cocotier d'où

sort le feuillage; avec ces mêmes feuilles tressées on fait encore des voiles de navire; l'espèce
de bourre qui enveloppe la noix est bien préférable à l'étoupe pour calfeutrer les vaisseaux ;
elle pourrit moins vite et se renfle en s'imbibant
d'eau. On en fait aussi de la ficelle, des câbles
et toutes sortes de cordages. Enfin, je dois vous
dire que l'huile délicate qui a assaisonné plusieurs de nos mets, et qui brûle dans ma lampe,
s'obtient par expression de l'amande fraîche. »

L'étranger écoutait avec étonnement et admi-
rait comment ce pauvre Indien, n'ayant que des
cocotiers, avait néanmoins par eux absolument
tout ce qui lui était nécessaire. Lorsque le voyageur se disposait à partir, son hôte lui dit : « Je
vais écrire à un ami que j'ai à la ville ; vous vous
chargerez, je vous prie, de mon message. » —
« Oui, et sera-ce encore le cocotier qui vous
fournira ce qu'il vous faut ? » — « Justement,
reprit l'Indien ; avec de la sciure des branches
j'ai fait cette encre, et avec les feuilles ce par-
chemin ; autrefois on en faisait toujours usage
pour les actes publics et les faits mémorables. »

Nous ajouterons deux observations à ce récit :
d'abord, que le cocotier, dont les fruits sont si
précieux, n'en donne pas seulement une fois par
an comme les autres arbres, mais qu'on en fait
jusqu'à deux ou trois récoltes la même année.

Notre seconde observation portera sur le soin

avec lequel la noix du cocotier est enveloppée et défendue, soin qui est en rapport avec le lieu où croît cet arbre. C'est le plus souvent au bord de la mer, ce qui fait que ses fruits sont exposés à y tomber ; et s'ils n'étaient pas aussi bien garantis, ils se noieraient ou se pourriraient sans être d'aucune utilité ; au lieu de cela, ils nagent sans que l'humidité les pénètre, et on les recueille sans qu'ils aient été endommagés.

D'après ce que nous venons de dire, nous voyons que le cocotier est un de ces rois-végétaux que la main bienfaisante du créateur a dotés d'une manière si libérale, qu'à eux seuls ils peuvent fournir tout ce qui est nécessaire à la vie. Nous serons encore plus frappés de cette bonté de Dieu si nous réfléchissons que le cocotier croît dans ces pays où la chaleur et la stérilité du sol rendent les habitations plus rares, où par conséquent les hommes vivent isolés et manqueraient souvent de ce qui leur serait nécessaire si, comme nous, ils étaient obligés de le tirer de tant de sources différentes; mais un Indien, avec ses cocotiers, comme nous avons pu nous en convaincre par le récit qui précède, possède absolument tout ce qu'il lui faut.

Cet intéressant cocotier, fournissant ainsi à tous les besoins physiques que l'homme peut avoir, ne nous conduira-t-il pas à penser que ces besoins ne sont pas les seuls que nous éprouvions, que ceux qui regardent notre âme sont bien autrement importants, et que si c'est pour nous un vrai bonheur de posséder un tel arbre, ce serait un bonheur bien plus grand encore de trouver à satisfaire les besoins de notre âme? Eh bien! Dieu, plus admirable encore dans la grâce que dans la nature, a répondu d'avance à tout ce que nous pouvions demander, dans l'envoi de son Fils unique, le Christ, notre Sauveur. Comme un arbre inappréciable, le Christ est pour ceux qui croient en lui, de quelque nation qu'ils soient, un sûr abri contre les traits de la justice divine; cette justice éternelle n'atteindra jamais ceux qui se seront jetés entre les bras du Sauveur : sous cet asile, selon l'image employée par les prophètes (1), ils seront parfaitement en sûreté. Mais un asile n'est pas la seule chose nécessaire, il faut encore à l'homme des aliments pour conserver sa vie; l'arbre de l'Indien lui en donnait abondamment; notre âme de même trouve auprès de son Sauveur tout ce qui peut la vivifier; il nous le dit lui-même : *Je suis venu afin que mes brebis aient la vie, et qu'elles l'aient même en abondance* (2). Il nous donne le lait de sa parole pour nous faire croître, il nous fortifie par le vin de sa grâce, il nous sanctifie par l'huile de son Esprit, il nous couvre du manteau

(1) Esaï, XXXII, 2.
(2) Jean, X, 10.

de sa justice. En un mot, nous trouvons en Jésus
tout ce qui est nécessaire à notre âme, car il est,
LUI, véritablement *l'arbre de vie* (1).

FAMILLE DES BANANIERS.

Bananier.

D'après Jussieu, les bananiers forment à eux
seuls une famille qui porte leur nom. Le bananier croît dans toute la zòne torride ; il réussit de
préférence dans un sol mou, gras et argileux, et
demande de la chaleur et de l'humidité. Il parvient à la hauteur de plus de quinze pieds ; son
stipe est à peu près gros comme la cuisse. Son
sommet est couronné par un bouquet de huit
à douze feuilles simples d'abord roulées en
cornet, qui se développent ensuite jusqu'à la
longueur de six à huit pieds sur plus d'un de
largeur, les unes horizontales, d'autres obliques
ou légèrement penchées, ce qui donne à ce végétal une forme agréable et élégante. Ces feuilles
sont d'un joli vert satiné et traversées par une
côte longitudinale.

Du centre de ce bouquet de feuilles sort un
gros et long pédoncule semblable à la hampe
d'une jacinthe ; on peut même lui donner le
nom de hampe, puisqu'il part de la racine même,

(1) Apoc., XXII, 2. — XI, 7.

traverse le stipe et vient soutenir les fleurs nombreuses et sessiles auxquelles il sert d'axe. Avant
leur épanouissement , ces fleurs sont cachées
sous des écailles spathacées qui forment un épi
rougeâtre de figure conique. Ces écailles tombent
peu après l'épanouissement des fleurs qui sont
remplacées par des fruits longs de cinq à huit
pouces, analogues à nos concombres ; ils sont
comme verticillés autour du pédoncule qui
porte alors le nom de *régime*. Un pédoncule soutient communément de quatre-vingts à cent
bananes.

Le bananier, comme l'arbre précédent, est
un de ces précieux végétaux qui montrent avec
quelle libérale diversité le créateur a pourvu aux
besoins de l'homme. Bernardin de Saint-Pierre
l'a peint d'une manière si agréable, que nous
citerons ses propres paroles :

« Le bananier aurait pu suffire seul à toutes
les nécessités du premier homme. Il produit le
plus salutaire des aliments dans ses fruits, du
diamètre de la bouche, et groupés comme les
doigts d'une main. Une seule de ses grappes fait
la charge d'un homme. Il présente un magnifique
parasol dans sa cime étendue et peu élevée , et
d'agréables ceintures dans ses feuilles d'un beau
vert , longues, larges et satinées. Comme elles
sont fort souples dans leur fraîcheur, les Indiens
en font toutes sortes de vases pour mettre de

l'eau et des aliments. Ils en couvrent leurs cases, et ils tirent un paquet de fil de la tige en la faisant sécher. Deux de ces feuilles peuvent couvrir un homme de la tête aux pieds, par-devant et par-derrière. Un jour que je me promenais à l'Ile-de-France, près de la mer, parmi des rochers marqués de caractères rouges et noirs, je vis deux nègres qui portaient sur leurs épaules un bambou auquel était attaché un long paquet enveloppé de deux feuilles de bananier. C'était le corps d'un de leurs infortunés compagnons d'esclavage, auquel ils allaient rendre les derniers devoirs dans ces lieux écartés. Ainsi le bananier seul fournit à l'homme de quoi le nourrir, le loger, le meubler, l'habiller et l'ensevelir.

» Ce n'est pas tout, cette belle plante, qui ne produit son fruit dans nos serres qu'au bout de trois années, donne le sien, sous la ligne, dans le cours d'un an, après lequel la tige se flétrit; mais elle est entourée d'une douzaine de rejetons de diverses grandeurs qui en portent successivement, de sorte qu'il y en a en tout temps, et que tous les mois il en paraît un nouveau.

» Ce végétal, le plus utile de tous les végétaux, présente une foule de variétés. J'ai vu à l'Ile-de-France des bananiers nains et d'autres gigantesques, originaires de Madagascar, dont les fruits longs et courbés s'appellent *cornes de bœuf.* Une seule de leurs bananes suffit pour le repas d'un homme. L'espèce commune est onctueuse, sucrée, farineuse, et offre une saveur mélangée de celle de la poire bon-chrétien et de la pomme de reinette. Elle est de la consistance du beurre frais en hiver, de sorte qu'il n'est pas besoin de dents pour y mordre, et qu'elle convient également aux enfants du premier âge et aux vieillards édentés. Elle ne porte point de semences apparentes, ni de placenta, comme si la nature avait voulu en ôter tout ce qui pouvait apporter le plus léger obstacle à l'aliment de l'homme. C'est de toutes les fructifications que je connais la seule qui jouisse de cette prérogative ; elle en a encore quelques-unes non moins rares, c'est que, quoiqu'elle ne soit revêtue que d'une peau, elle n'est jamais attaquée, avant sa maturité parfaite, par les insectes et par les oiseaux, et qu'en cueillant son régime un peu auparavant, il mûrit très-bien dans la maison et se conserve un mois dans toute sa bonté.»

Nous ajouterons, pour faire connaître toute l'utilité du bananier, qu'avec la pulpe desséchée de son fruit on fait une farine qui fournit une nourriture saine et agréable. On fait aussi avec les bananes un vin dont on peut tirer de l'eau-de-vie. Les tiges sont un fourrage recherché par les bestiaux. On a découvert dans le stipe du bananier un nouveau produit : ce sont des fils plus longs, plus élastiques, plus disposés à se lier entre eux que ceux du coton ; il sera possible d'en fabriquer des étoffes et des chapeaux d'une extrême légèreté. Ces fils font d'excellentes mèches qui n'ont presque jamais besoin d'être mouchées.

On prétend que le bananier était, dans le paradis terrestre, l'arbre de la science du bien et du mal, à l'occasion duquel nos premiers parents désobéirent à Dieu et perdirent ainsi le précieux privilége de leur innocence. On dit encore que ce fut avec les feuilles de cet arbre que Dieu fit des vêtements pour Adam et Eve. Enfin, les Portugais, lorsqu'ils ont vu des bananes pour la première fois, ont cru voir une croix marquée dans l'intérieur, et à cause de cela ils s'abstenaient d'en manger : ceci est une pure superstition. Quant aux deux premières traditions, il est tout à fait impossible de savoir ce qu'il en est et inutile de s'en occuper. Qu'il nous suffise d'avoir des sentiments de reconnaissance envers Dieu de ce qu'il a donné à l'homme ce précieux végétal.

On le cultive en France dans des serres où il fleurit et même porte des fruits.

FAMILLE DES ORCHIDÉES.

Orchis.

La famille des orchidées nous offre des fleurs qui ne ressemblent à aucune autre. Leurs formes sont tout à fait irrégulières, mais fort agréables; elles n'ont point de calice; leur corolle placée au sommet de leur ovaire allongé se divise en six pétales, les trois supérieurs assez réguliers, deux en lèvre pendante dont les divisions irrégulières, conjointement aux autres pétales, donnent à la fleur l'aspect d'un insecte, tantôt d'une mouche, tantôt d'une abeille, d'une araignée ou d'un petit quadrupède. Les étamines sont fixées sur le pistil. Ces fleurs singulières brillent des plus belles couleurs et sont disposées en superbes panaches qui font l'ornement des prés où l'on en trouve, ainsi que dans d'autres lieux, plusieurs variétés.

Les orchis *mâles, à feuilles tachées, à deux feuilles, le pyramidal,* etc., fournissent cette substance connue sous le nom de *salep de Perse.* Ce salep indigène est même préférable à celui qu'on fait venir d'Orient à grands frais, ce qui devrait bien guérir de la manie de dédaigner ce qu'on a près pour aller chercher ce qui est loin.

Pour obtenir ce salep on prend les bulbes de

l'orchis, on les soumet à l'eau chaude pour les nettoyer, on les enfile comme des grains de chapelet, on les fait sécher au soleil ou au four, ensuite on les pulvérise. Cette poudre sert à faire une bouillie mucilagineuse, nourrissante et adoucissante, très-bonne dans les maladies d'irritation et d'épuisement; on la joint aussi au chocolat pour le rendre nourrissant et adoucissant.

Le salep contenant une grande quantité de substance nutritive, sous un petit volume, pourrait rendre de grands services dans les voyages. Avec trois livres de salep et autant de gelée animale on peut nourrir un homme pendant un mois. Cet aliment précieux a de plus l'avantage de masquer ou de faire disparaître la saveur salée de l'eau de la mer, ce qui peut-être pourrait permettre d'en faire usage à bord des vaisseaux.

DICOTYLÉDONES MONOPÉTALES.

FAMILLE DES JASMINÉES.

Frêne.

Il est de la famille des jasminées dont les caractères sont :

Calice court, tubuleux, à quatre ou cinq dents ; corolle tubuleuse à quatre ou cinq lobes, ou nulle; étamines souvent deux; ovaire un; fruit capsulaire ou charnu à une ou deux loges. Les végétaux qui composent cette famille sont des arbres ou des arbrisseaux.

Le frêne rivalise avec nos plus beaux arbres par sa hauteur et sa beauté; mais, voisin dangereux, son ombre est mortelle à tous les végétaux qui en reçoivent l'influence, ce qui est cause qu'on ne l'admet guère dans les jardins. Son feuillage d'ailleurs devient la proie des cantharides, qui sont toujours en abondance sur ces arbres qu'elles dépouillent et dont elles éloignent par l'odeur insupportable qu'elles exhalent.

Il y a plusieurs espèces et plusieurs variétés de frênes, qui ont entre elles de grandes ressemblances et possèdent les mêmes qualités à des degrés différents. L'écorce de cet arbre est un excellent fébrifuge que l'on compare au quina et que quelques-uns même lui préfèrent.

C'est aussi du frêne que se retire la manne si connue en médecine; tous la fournissent, mais on la trouve plus abondamment dans l'espèce appelée *frêne à manne*, qui croît surtout dans la Calabre. On la recueille de trois manières différentes qui lui font donner différents noms: la manne *en grains* ou *en larmes* recueillie sur les feuilles du frêne où elle se sécrète quelquefois spontanément; la manne *cannelée* ou *en canne*, lorsqu'on l'obtient en introduisant dans l'écorce une canne ou une baguette autour de laquelle se prend la manne; enfin la manne *grasse*, qui est en grumeaux, souvent mêlée de gravier, et qui coule le long de l'arbre jusqu'en terre par des incisions faites dans l'été à l'écorce du frêne. La plus estimée de ces qualités est la manne en larmes.

La manne est un purgatif qui convient surtout pour les tempéraments secs et nerveux; mais, dans tous les cas, il faut en user avec précaution, parce qu'elle fatigue beaucoup les organes de la digestion.

Bien des mères de famille ont l'habitude de purger leurs nourrissons avec de la manne dissoute dans du lait; un tel usage peut avoir les suites les plus funestes. On se sert très-peu à présent de la manne dans les pharmacies, parce qu'elle ne purge que par indigestion.

Le frêne est très-utile pour les arts mécaniques; son bois est solide; on en fait des cercles, des armes, et les ébénistes l'estiment beaucoup à cause de son beau poli; ils en font toute sorte de charmants ouvrages. Ceux qu'on fait avec la racine sont encore plus remarquables et plus recherchés.

Belladone.

Les caractères de la famille des solanées sont : un calice à cinq, rarement à quatre divisions, corolle monopétale régulière à cinq lobes, cinq étamines, stigmate simple ou à deux lobes, capsule à deux loges, ou une baie à une ou à plusieurs loges.

Il y a dans les solanées des différences de détails, mais l'ensemble de la structure est le même. Toutes les plantes de cette famille ont une saveur et une odeur âcre ; presque tous les fruits sont de violents narcotiques qui causent le délire et plusieurs accidents effrayants.

La *belladone* croît dans les pays chauds et tempérés, sur les montagnes et dans les lieux ombragés. Sa tige herbacée et branchue s'élève à la hauteur de quatre ou cinq pieds ; ses feuilles sont grandes, ovales ; ses fleurs penchées sont d'un rouge brunâtre et ont un limbe partagé en cinq lobes.

La teinte sombre de la belladone, l'odeur nauséabonde, quoique faible, qu'elle répand, suffisent pour la faire regarder comme une plante suspecte, et cependant tout cela est encore loin de donner l'idée des funestes effets qu'elle produit. Malheur à l'enfant imprudent qui se laisserait séduire par la figure des baies de belladone et par leur goût douceâtre! bientôt se manifesteraient les symptômes les plus alarmants : l'ivresse, un délire assez communément gai, un état de stupeur, le refroidissement de tout le corps, et enfin la mort. Pour qu'un effet si terrible soit produit, il faut avoir mangé plus d'une baie. Si l'on porte remède sur-le-champ, il faut chercher à faire vomir et employer les acides végétaux; plus tard il pourrait être dangereux d'exciter le vomissement autrement que par des boissons chaudes; on emploie aussi les mucilagineux.

Le principe vénéneux de la belladone, modifié par une main habile, devient utile dans plusieurs maladies; cette plante entre dans la composition du baume tranquille employé en frictions pour calmer les douleurs.

Jusquiame.

La jusquiame n'a pas ces attraits répandus sur la plupart des autres fleurs; son feuillage d'un vert livide, la couleur triste et sombre de ses fleurs, l'odeur repoussante qui s'exhale de toutes ses parties, avertissent assez de ses qualités délétères. Les feuilles sont fort amples, cotonneuses, ovales-lancéolées et profondément découpées à leur bord.

Les fleurs sont presque sessiles, disposées sur les rameaux en longs épis feuillés et toutes tournées du même côté ; la corolle est d'un jaune pâle à son limbe, traversée par des veines purpurines ; elle est d'un pourpre noirâtre à l'orifice du tube.

Cette plante très-commune se plaît dans les lieux pierreux et parmi les décombres.

Les chèvres et les vaches broutent la jusquiame sans inconvénient ; les porcs l'aiment beaucoup ; mais elle est pour l'homme un poison redoutable : on a vu des individus tomber dans un état de délire et de stupeur pour s'être livrés imprudemment au sommeil sur un terrain où croissaient des jusquiames. Dans les empoisonnements occasionnés par cette plante on emploie avec succès les vomitifs, les laxatifs et les acides végétaux.

Malgré les propriétés redoutables de cette plante, la médecine sait encore en tirer un bon parti : elle l'emploie en remplacement de l'opium ; quelquefois même on la préfère à ce narcotique, parce qu'elle n'a pas l'inconvénient de suspendre les évacuations. D'un autre côté, les feuilles sont employées en cataplasmes pour les entorses. Quelques personnes conseillent d'employer la jusquiame contre le mal aux dents, soit en introduisant dans la bouche la fumée de cette plante, soit d'une autre manière ; mais c'est un remède qui peut occasionner de graves accidents et dont il est fort dangereux de faire usage.

Grande Ciguë.

Ce ne serait pas ici le lieu de parler de cette plante, puisqu'elle appartient à la famille des ombellifères à laquelle nous ne sommes pas encore arrivés; mais, comme vénéneuse, nous avons préféré ne pas la séparer des deux précédentes.

La ciguë a des tiges droites, rameuses, hautes de trois à quatre pieds, fistuleuses, glabres, d'un vert clair, parsemées, surtout à leur partie inférieure, de taches purpurines ou noirâtres.

Les feuilles grandes, alternes, deux ou trois fois ailées; les folioles pinnatifides d'un vert sombre, luisant, assez semblable au persil sauvage.

Les fleurs blanches, disposées en ombelles nombreuses, très-ouvertes, munies d'un involucre à cinq ou à trois folioles rabattues, un calice court, cinq pétales inégaux courbés en cœur, cinq étamines, deux styles. Il faut prendre garde à tous ces caractères de la ciguë, parce qu'il y a des plantes auxquelles on a donné improprement ce nom.

L'aspect repoussant de cette plante et sa mauvaise odeur annoncent des qualités malfaisantes.

Les chèvres, les moutons et plusieurs espèces d'oiseaux en mangent; mais elle est pour tous les autres animaux et pour l'homme un poison dangereux. Ses effets ne s'annoncent point comme ceux de la belladone : au lieu de ces symptômes violents, de ce délire et de cette ivresse, c'est un refroidissement général et progressif qui plonge bientôt dans un sommeil suivi de la mort. On sait que les Athéniens faisaient mourir les condamnés en leur donnant à boire de la ciguë. Les acides végétaux sont un contre-poison assuré contre cette plante.

La médecine l'emploie comme calmant et résolutif.

Nous nous sommes plu à faire ressortir la bonté du créateur dans les productions de la nature, et maintenant voici des plantes redoutables qui pourraient peut-être faire naître l'idée que cette bonté se dément quelquefois. Nous observerons d'abord que ces plantes, quoique vénéneuses, peuvent guérir ou adoucir plusieurs maux, et, sous ce rapport, elles sont encore empreintes de la bonté divine. Ensuite il importe de remarquer que Dieu n'exerce pas seulement sa bonté, mais qu'il glorifie aussi sa justice; et ses œuvres sorties si pures de ses mains, et uniquement marquées au sceau de sa bonté, ont subi une triste modification depuis que l'homme a péché. C'est ce que nous apprend clairement l'Ecriture, et ce qui s'applique à tout ce qui, dans la création, nous paraît ne pas émaner d'un Dieu tout bon.

Pomme de terre.

Les fleurs de cette plante nous offrent un calice à cinq divisions, une corolle en roue, le tube court, le limbe ouvert, divisé en cinq lobes; les anthères rapprochées, le style filiforme, le stigmate aigu. Le fruit est une baie à deux ou plusieurs loges contenant des semences nombreuses et éparses. Ses fleurs sont blanches ou un peu violettes, terminales et disposées en corymbe.

Ses tiges sont tendres, herbacées, fistuleuses, garnies de feuilles glabres, irrégulièrement pinnatifides.

Les racines sont longues, fibreuses, chargées çà et là de gros tubercules oblongs ou arrondis qui portent exclusivement le nom de *pommes de terre*, dont il existe un grand nombre de variétés.

Très-anciennement connue en Amérique, ce n'est qu'au milieu du XVIe siècle qu'elle a été introduite en Europe par sir Walter Raleigh, et elle n'a été encore connue que plus tard en France. C'est aux soins et aux efforts infatigables de l'illustre Parmentier que notre patrie doit la possession d'un végétal aussi précieux. Parmentier eut à combattre toutes sortes de préjugés. La pomme de terre, disait-on, donnait la lèpre, la peste, enfin était la cause des maux les plus dangereux; aussi personne ne voulait en faire usage. Ce ne fut qu'à force de persévérance et en usant de stratagème que le philanthrope, qui voulait le bien de son pays, put décider ses compatriotes à manger des pommes de terre. Il en sema dans son jardin; lorsqu'elles furent venues, il demanda au roi des gardes pour empêcher qu'on ne les prît : de cette manière il attira les regards sur sa plantation, et comme il avait soin de ne pas laisser les gardes la nuit, on vint bientôt lui en voler. Lorsqu'on le prévint de cela, il répondit : *Tant mieux, ils s'y habitueront.* En effet, on s'y est si bien habitué que l'usage en est devenu général, et que les pommes de terre sont la base de la nourriture de la classe indigente, comme elles sont aussi les bien venues sur la table des riches.

C'est donc ici un de ces végétaux extraordinaires dont l'apparition opère une révolution dans les produits de l'agriculture; en effet, depuis l'introduction des pommes de terre en France, il n'y a plus eu de famine, et elles ont rendu les disettes supportables. Elles mettent beaucoup moins de temps à mûrir que le blé, puisqu'une pomme de terre est au point d'être mangée au bout de soixante ou quatre-vingts jours. Tous les sols leur conviennent; elles réussissent partout quoiqu'elles préfèrent les terrains sablonneux. Il leur faut peu d'engrais; elles sont même propres à servir d'assolement. C'est la substance qui peut le mieux remplacer le blé, et même quelquefois le remplacer avec avantage.

Elles demandent peu d'assaisonnement : cuites sous la cendre ou simplement bouillies dans l'eau, elles offrent un aliment nourrissant qui sert en même temps de pain. Elles paraissent aussi sur les tables les mieux servies, associées aux viandes ou apprêtées de diverses manières, et elles sont du goût de tout le monde. En les mêlant à une petite quantité de farine de froment, elles donnent un pain de bonne qualité. Les pommes de terre conviennent aux personnes robustes et qui s'occupent de travaux pénibles; mais, avec quelque préparation, elles sont appropriées aux tempéraments délicats, même aux malades; ainsi la fécule qu'elles fournissent est un aliment aussi léger que nourrissant et qu'on peut donner avec succès aux estomacs faibles et aux petits enfants. Cette fécule s'obtient en râpant les pommes de terre crues sur un tamis dans l'eau ; la fécule passe à travers le tamis et se précipite au fond; ensuite on décante et on la fait sécher. Elle a les mêmes qualités que l'amidon qu'on retire du froment, et on l'emploie aux mêmes usages.

Cette fécule, insoluble dans l'eau froide, se

dissout dans l'eau bouillante, forme une gelée transparente qui, lorsqu'elle est séchée, a toutes les qualités de la gomme arabique et peut servir aux mêmes usages.

Lorsque les pommes de terre ont été gelées, elles se ramollissent, et l'on croit généralement qu'elles ne sont plus bonnes à rien. C'est une erreur : dans cet état on peut encore en retirer de la fécule ayant les mêmes qualités que celle qu'on retire des pommes de terre qui n'ont pas encore été gelées.

Les vaches ou d'autres animaux mangent quelquefois les feuilles des pommes de terre; mais ce fourrage est peu de leur goût, tandis qu'ils aiment beaucoup les pommes de terre elles-mêmes coupées à morceaux. Bouillies dans l'eau, elles engraissent beaucoup les bestiaux, surtout les porcs et la volaille. On tire de l'eau-de-vie des pommes de terre, et tout récemment on a découvert que son épiderme torréfié pouvait tenir lieu de tabac ; ce qui n'est pas étonnant, puisque la pomme de terre et le tabac étant toutes deux de la famille des solanées doivent avoir des qualités qui leur sont communes.

Tabac.

Le tabac n'était qu'une plante sauvage qui croissait dans quelques cantons de l'Amérique ;

mais, depuis que l'usage s'en est répandu en Europe, elle a été tirée de son obscurité, cultivée presque partout, et elle est devenue l'objet d'un grand commerce pour les peuples, ou d'un monopole important pour les souverains.

En Brésil, cette plante porte le nom de *petun*. Les Espagnols, qui l'ont vue pour la première fois dans l'île de Tabaco, lui ont donné le nom de *tabac*. En France, elle a pris celui de *nicotiane*, parce qu'elle y fut apportée par M. Nicot, ambassadeur de France à la cour de Portugal; à son retour, il présenta du tabac à la reine Catherine de Médicis, circonstance qui fit aussi donner au tabac le nom d'*herbe à la reine*. Depuis l'on a essayé de le cultiver en France; il y a fort bien réussi, et il alimente plusieurs manufactures royales.

Il y a plusieurs espèces de tabacs; nous parlerons de la plus commune, qui a des tiges cylindriques assez fortes, légèrement pubescentes, ramifiées, glutineuses ainsi que toute la plante, hautes de quatre à cinq pieds.

Les feuilles sont molles, fort grandes, sessiles, un peu décurrentes à leur base, ovales-lancéolées, aiguës, très-entières, vertes, presque glabres.

Les fleurs, d'un pourpre rougeâtre, sont disposées en un beau panicule terminal. Le fruit est une capsule ovale, marquée d'une rainure de chaque côté, accompagnée du calice persistant et un peu velu.

Cette plante exhale une forte odeur piquante et vireuse; sa saveur est âcre et amère. Elle contient des sucs qui sont un poison dangereux et très-violent. Par la distillation on en obtient une huile dont une seule goutte posée sur la langue d'un chien de taille moyenne lui donne de fortes convulsions suivies d'une prompte mort. Ce poison agit sur le système nerveux qu'il ébranle, mais il agit surtout en causant des inflammations et des ulcères sur les parties avec lesquelles il est mis en contact. Le célèbre poëte Santeuil est mort au milieu de douleurs atroces pour avoir bu un verre de vin dans lequel on avait mis du tabac d'Espagne. Murray raconte que trois enfants auxquels on avait frotté la tête avec un liniment composé de tabac, pour les délivrer de la teigne, eurent des vertiges, des vomissements, et expirèrent dans de violentes convulsions.

Les émanations même de cette plante sont funestes, ce qui est prouvé par l'état de maigreur et de dépérissement des ouvriers employés dans les manufactures de tabac. On dit même qu'ils sont sujets à des maladies particulières.

On conçoit facilement, d'après ce que nous venons de dire, que si l'on fait usage du tabac comme médicament, ce ne peut être qu'avec d'extrêmes précautions ; aussi les médecins le prescrivent-ils rarement et lui préfèrent-ils des substances dont les propriétés délétères soient moins violentes et moins dangereuses. On l'administre surtout contre l'apoplexie, l'asphyxie, la submersion, la strangulation ; on l'introduit dans les intestins pour produire une forte irritation qui puisse rappeler à la vie. Il peut être utile pour provoquer les évacuations.

Le tabac s'emploie en poudre pour exciter l'éternument, et il est ainsi ordonné quelquefois comme remède pour dissiper certaines humeurs de la tête ; mais nous avons des poudres sternutatoires qui produiraient le même effet et n'offriraient aucun des inconvénients du tabac ; il vaudrait donc mieux les employer. Telles sont le *cabaret d'Europe* (azarum europeum), le *muguet des bois* (convallaria maralis).

Conservé en feuilles séchées, le tabac sert à fumer, et on le mâche. Sous cette forme il produit aussi de tristes effets, et l'on voit communément que ceux qui font un usage immodéré de la pipe perdent une partie de leurs facultés intellectuelles, et en particulier la mémoire. Se peut-il que, sous ce rapport, notre éducation en général soit si peu avancée que l'on voit souvent jusqu'à des enfants se livrer à l'usage du tabac ? Comment l'homme, pour satisfaire une habitude déjà repoussante par l'odeur désagréable et forte qu'elle fait exhaler, une habitude pour le moins vaine ou même nuisible à l'individu ; comment l'homme peut-il consentir à s'imposer un tribut pécuniaire dont il pourrait faire une application bien plus honorable et plus utile tant pour lui-même que pour ses semblables?

D'ailleurs, s'il est vrai, comme nous venons de le dire, et comme c'est reconnu par tous les naturalistes, que le tabac soit un poison si violent et produise de si fâcheux et même de si terribles effets; s'il est vrai qu'on doive aussi le redouter comme remède, et ne l'employer qu'avec les plus grandes précautions, sous la direction d'un médecin prudent et habile, pourrons-nous croire qu'une telle substance soit d'un usage tout à fait général comme objet d'agrément; que les nations sauvages et les nations civilisées s'en soient fait une habitude telle que sa privation leur cause un malaise général, et que quelques-uns mettent le tabac au rang des objets de première nécessité? C'est là un problème qu'il serait difficile de résoudre. Les hommes, esclaves qu'ils sont de leurs sens, cherchent-ils dans l'action piquante du tabac un moyen de satisfaire le besoin de sensations physiques, besoin qui devient toujours plus fort à mesure qu'on s'y livre? Cherchent-ils à oublier, par cette sensation factive, les maux et les inquiétudes qui nous assaillent si souvent dans cette vie? Ces derniers motifs même prouveraient la nécessité de s'abstenir de cet usage, puisque c'est demander à une chétive poudre des résultats moraux de la plus haute importance, qu'un si misérable objet ne saurait donner. Il faut à l'homme de plus nobles consolations; ce ne sont jamais les objets de cette terre, quels qu'ils soient, qui peuvent les procurer; il faut aller les puiser à une source plus élevée, à notre Dieu créateur et sauveur; lui seul peut les donner.

Camomille.

Cette plante est de la famille des corymbifères dont les caractères sont : fleurs radiées ou flosculeuses, réceptacle membraneux ou à peine charnu, stigmate articulé sur le style, feuilles alternes ou opposées, non épineuses. Dans la *Flore française*, la famille des corymbifères est comprise dans celle des composées.

La camomille a des feuilles alternes, composées, ailées ou linéaires, des fleurs solitaires et terminales; le disque, formé de fleurons jaunes, est entouré et comme couronné de demi-fleurons blancs.

Cette plante croît naturellement dans toutes les parties de la France; ses qualités sont si bien reconnues qu'on la cultive en grand aux environs de Dieppe. On commence à cueillir les fleurs au commencement de juin, et on continue jusqu'à la fin de septembre; les dernières cueillies sont doubles et sont les plus recherchées dans le commerce, à cause de leur blancheur qu'elles n'acquièrent cependant qu'au préjudice de leurs vertus médicales.

La camomille est un stimulant qui n'irrite pas; c'est un excellent digestif, c'est aussi un fébrifuge qui réussit très-bien et peut remplacer le quina; on l'emploie en infusion, ou bien les fleurs elles-mêmes réduites en poudre; on en fait aussi des cataplasmes et des fomentations; elle est d'un usage très-général en médecine.

L'espèce dont on se sert d'ordinaire est la camomille romaine; d'autres pourraient la remplacer; mais on les laisse de côté à cause de leur goût et de leur odeur qui sont fort désagréables.

FAMILLE DES VALÉRIANÉES.

Valériane.

Cette plante appartient à la famille des valérianées dont les caractères sont : un calice aigretté et roulé en dedans, ou dentelé et droit;

une corolle tubuleuse à cinq lobes, souvent éperonnée, d'une à cinq étamines, l'ovaire adhérent au calice, un style, deux à trois stigmates.

Le fruit est une capsule souvent à une graine. Leur racine est amère et fortement tonique, surtout dans les espèces vivaces.

La valériane croît dans les lieux un peu humides, dans les bois; elle se fait remarquer par ses beaux bouquets de fleurs odorantes, blanches et quelquefois rosées, portées sur une longue tige ordinairement simple, garnies de feuilles opposées, distantes, ailées, les folioles lancéolées, dentées à leurs bords.

Les fleurs sont disposées en panicule étalé, composé de rameaux opposés, terminés par des corymbes partiels.

La valériane que nous venons de décrire est l'espèce appelée officinale, ou celle dont on se sert beaucoup en médecine. Elle facilite la digestion, excite la sueur; mais c'est surtout sur le système nerveux qu'elle agit. Elle est employée avec succès contre l'épilepsie, lorsqu'elle a été produite par la peur, la colère ou autres affections morales; elle chasse les vers intestinaux; on dit aussi qu'elle remédie à l'affaiblissement de la vue, mais cette dernière qualité est moins constatée.

Café.

Cet arbuste si renommé est de la famille des rubiacées dont les caractères sont : un calice adhérent à l'ovaire, à quatre ou cinq lobes, corolle à quatre ou cinq lobes, quatre ou cinq étamines, un style, deux stigmates, fruits à deux graines adossées, feuilles verticillées. Cette famille est très-nombreuse. Nous n'avons dans nos climats que la section à laquelle on a donné le nom d'*étoilée.* Elle ne comprend que des herbes dont la racine est ordinairement rouge et bonne pour la teinture. Les autres sections renferment des végétaux étrangers.

Le tronc du caféier (ou cafier) s'élève en droite ligne à la hauteur de quinze pieds, quoiqu'il ait à peine trois pouces de diamètre.

Ses feuilles sont opposées, ovales-lancéolées, larges de deux pouces, longues de quatre à cinq. On voit à la base du pétiole qui les porte deux stipules courtes et aiguës.

Les fleurs ressemblent, pour la forme, le volume et la couleur, à celles du jasmin d'Espagne; elles naissent aux aisselles des feuilles, et ont une odeur agréable.

Le fruit, qu'on appelle ordinairement aux Antilles *cerise du café*, ressemble en effet à la cerise pour la grosseur et la couleur. Cette baie renferme dans sa pulpe deux coques minces étroitement unies dont chacune contient une graine cartilagineuse grise, jaunâtre ou verdâtre, quelquefois ronde, le plus souvent ovale. Ce sont ces graines qui portent plus spécialement le nom de *café*, et qui ont donné à l'arbrisseau qui les porte l'immense renommée dont il jouit.

Il paraît que l'usage du café remonte à une haute antiquité : Raynal dit qu'il est venu originairement de la haute Ethiopie, où il était connu de temps immémorial. Si l'Arabie n'est pas sa première patrie, elle est du moins son pays de prédilection; il réussit parfaitement dans le royaume d'Yémen, dans les cantons d'Aden et de Moka. On le cultive sur les montagnes à mi-côte, et la seule peine qu'on prend pour sa culture, c'est de détourner l'eau des sources pour la conduire au pied de ces arbustes ; car si le cafier a besoin d'un climat chaud, l'humidité ne lui est pas moins nécessaire. C'est de l'Arabie que les Hollandais transportèrent à Batavia, en 1690, des plants de cafier qui réussirent à merveille. D'autres plants furent, en 1710, portés en Hollande où ils réussirent dans des serres et produisirent d'autres plants dont un donné à Louis XIV servit à faire des boutures. Une de celles-ci fut envoyée à la Martinique, et cet individu a peuplé toutes les colonies françaises.

Pendant longtemps on n'a eu du cafier que des descriptions imparfaites ; maintenant il est aussi connu dans nos climats que dans son pays natal, parce que beaucoup de voyageurs et de naturalistes ont donné sur lui des détails très-exacts.

On dit que c'est le hasard qui a fait découvrir les propriétés du café : les uns attribuent cette découverte à des moines, d'autres à des derviches qui, ayant remarqué l'effet que cette graine produisait sur les boucs, s'en servirent pour se tenir éveillés pendant leurs prières nocturnes.

Le café a eu beaucoup d'apologistes et beaucoup de détracteurs. Ceux-ci le regardent presque comme un poison et comme l'auteur de tous les maux ; les premiers, au contraire, le croient une panacée universelle propre à tous les âges, à tous les sexes, à tous les tempéraments. Ils n'ont raison ni les uns ni les autres, comme il arrive toujours quand on se jette dans les extrêmes. Pris avec modération le café cause une sensation agréable à l'estomac, il aide beaucoup la digestion, il stimule et tient éveillé, il calme les douleurs de tête qui viennent de l'estomac, il est fébrifuge employé avec un mélange de jus de citron ; mais c'est plutôt comme une boisson agréable par son parfum et par la vivacité qu'elle donne, sans porter à la tête, puisqu'au contraire elle a la propriété d'arrêter ou de diminuer l'effet enivrant des liqueurs fortes ; c'est plutôt, dis-je, sous le rapport de l'agrément, que l'usage du café s'est si généralement répandu ; car , pour ce qui est de l'hygiène , il a produit par son abus plus de mal que de bien dans les pays où l'on en fait un grand usage.

Garance.

Cette plante croît le long des haies et des buissons, particulièrement dans le midi de la France, dans la Suisse et le Levant.

Ses racines sont longues , articulées , rougeâtres et rampantes, ses tiges tétragones, faibles, longues de deux ou trois pieds , hérissées sur leurs angles de petites pointes crochues. Les feuilles sont sessiles, lancéolées, par verticilles de quatre à six. Les fleurs sont petites, jaunâtres, disposées en petites panicules terminales.

La garance est connue et en usage depuis longtemps, puisque Dioscoride, qui vivait dans le premier siècle, dit qu'on s'en servait pour teindre en rouge. C'est la racine qu'on emploie pour la teinture, après l'avoir fait sécher et pulvériser ; elle donne un rouge qui n'est pas très-éclatant, mais qui a l'avantage de résister à l'air, au soleil et au lavage. Pour en favoriser la culture, le gouvernement l'emploie à teindre une partie des vêtements des troupes. On la mêle aussi à d'autres couleurs pour les modifier. La garance est cultivée en grand dans presque tous les pays d'Europe, en particulier dans le midi de la France où elle a été et est toujours une source abondante de richesses. Ce n'est qu'au milieu du siècle dernier que la culture de la garance a été introduite en France par les soins du marquis de Caumont ; le ministre Bertin encouragea cette culture et en confia la direction à un Persan nommé *Altken*, qui, par les succès qu'il a obtenus, a mérité la reconnaissance des habitants de ces contrées. La ville d'Avignon la lui a témoignée en lui élevant un monument public.

L'herbe qu'on fauche en septembre est une bonne nourriture pour les bestiaux ; les tiges et les feuilles polissent les métaux, surtout l'étain.

La garance est utile pour les arts et fournit une branche importante au commerce ; mais, sous le rapport médical, elle est peu remarquable. La singulière propriété qu'elle a de teindre en rouge les os des hommes et des animaux qui s'en nourrissent avait fait penser qu'elle devait être bonne dans les maladies qui attaquent les os : on en avait donc fait usage, mais le succès n'ayant pas répondu à l'espoir qu'on avait conçu, et l'expérience ayant appris que les animaux qui s'en nourrissaient avaient les os plus durs, mais cassants, qu'ils s'amaigrissaient et finissaient par mourir, on a renoncé à la garance comme remède, et aujourd'hui la médecine n'en fait plus usage.

Quinquina.

C'est à son écorce que cet arbre important doit la réputation extraordinaire dont il jouit, et qu'il mérite si bien en médecine. Il est originaire du Pérou où il en croit plusieurs espèces. Cela fait qu'il est difficile d'assigner à quelle espèce appartient l'écorce de quinquina livrée au commerce.

Les fleurs du quinquina offrent pour caractères essentiels un calice persistant à cinq dents, une corolle tubulée, le tube cylindrique, le limbe à cinq divisions profondes, cinq étamines insérées vers le milieu du tube de la corolle, un ovaire inférieur, le style filiforme terminé par un stigmate en tête. Le fruit est une capsule oblongue, à deux valves, à deux loges; les deux valves courbées en dedans à leurs bords formant, à l'époque de la maturité, une séparation et offrant l'apparence de deux capsules. Chacune d'elles renferme plusieurs semences oblongues, comprimées, entourées d'une aile membraneuse, attachées à un réceptacle central.

Comme tous les objets nouveaux, ce médicament a été d'abord fortement soutenu et repoussé de même. Quelques-uns le regardaient comme une panacée universelle à laquelle aucun mal ne devait résister, et, l'employant sans discernement, le rendaient souvent funeste à leurs malades ; d'autres ne voulaient lui reconnaître aucune propriété médicale. Des médecins instruits ont alors fait des expériences d'où il est résulté que le quinquina est un remède très-actif, le fébrifuge le plus assuré qu'on ait trouvé jusqu'ici contre les fièvres intermittentes, pernicieuses ou autres ; qu'il est bon pour les tempéraments qui ne sont pas irritables, qu'il donne des forces, qu'il convient dans les maux qui proviennent d'atonie, mais qu'il serait dangereux dans ceux qui proviennent d'irritation.

Les chirurgiens s'en servent avec beaucoup de succès pour les plaies gangreneuses ; on a même guéri des ulcères en les lavant avec la décoction de quinquina.

On compte quatre espèces de quinquina qui fournissent l'écorce qu'on nous vend en Europe sous ce nom. La première est : 1° *le quinquina officinal*, ainsi nommé parce que c'est le premier dont on ait fait usage en médecine ; c'est l'espèce la plus estimée. En Espagne elle est exclusivement réservée pour la pharmacie royale.

2° Le quinquina à *feuilles ovales*, ainsi nommé de la forme de ses feuilles. Il ne s'élève qu'à dix ou douze pieds de haut. Les fleurs sont, comme dans les autres espèces, disposées en panicules terminales, mais elles sont soutenues par des pédoncules soyeux. Ce quinquina est le plus rare dans le commerce ; on dit que c'est celui qui éprouve le moins les tempéraments nerveux.

3° Le quinquina à *grandes feuilles*. Il a été remarqué dans les forêts des Andes, à Cinchao, dans le Pérou ; il se plaît le long des torrents : c'est un grand et bel arbre terminé par une cime touffue. Les fleurs sont réunies en une ample panicule, presque longue d'un pied ; elles ont une odeur suave analogue à celle des fleurs d'oranger.

On dit que cette espèce convient en particulier aux tempéraments lymphatiques.

4° Le quinquina *piton*. On lui a donné ce nom, parce qu'il croît plus ordinairement sur le sommet des montagnes que l'on nomme *pitons* à la Guadeloupe, à la Martinique, etc.

12.

C'est un arbre de trente à quarante pieds de hauteur.

Ces quatre espèces ne sont pas les seules in-troduites dans le commerce, mais ce sont les plus connues et le plus en usage.

DICOTYLÉDONES POLYPÉTALES.

FAMILLE DES PAPAVÉRACÉES.

Coquelicot. — Pavot blanc.

Ces deux plantes appartiennent à la famille des papavéracées qu'on reconnaît à ces carac-tères : calice à deux sépales caduques, quatre pé-tales, quatre étamines ou multiples de quatre, ovaire libre, style court ou nul, stigmate rayonnant, capsule ovale ou allongée à graines très-nombreuses.

Coquelicot.

Répandu partout avec profusion , le coque-licot est à nos champs une brillante parure par sa belle couleur rouge et ses feuilles découpées , mais les agriculteurs le poursuivent comme une plante inutile et même nuisible aux mois-sons.

Emblème du sommeil, cette plante a été connue de tout temps comme narcotique ; les anciens en ornaient l'entrée du palais de Morphée.

L'espèce dont nous parlons ici est le coquelicot des champs. On l'emploie en infusion, il calme les douleurs et procure le sommeil. On fait aussi un sirop avec les fleurs de coquelicot, et un ratafia très-stomachique, surtout quand il a quelques années.

Pavot.

Mais l'espèce la plus intéressante et la plus utile est le pavot blanc ou pavot d'Orient, que l'illustre Tournefort a introduit en France, qui est devenu l'ornement de nos jardins, et dont on fait une culture considérable, parce qu'il est très-employé en médecine comme narcotique et calmant par excellence. Ses capsules et ses semences sont d'un très-grand usage, mais son suc gommo-résineux fait surtout sa réputation. C'est un suc épais et blanchâtre qui découle de toutes les parties de la plante lorsqu'on la rompt. On le recueille en faisant aux capsules, avant leur maturité, des incisions avec un instrument à plusieurs tranchants ; on reçoit dans des vases le suc qui en découle, et on l'expose à l'air pour opérer sa dessiccation ; il prend alors le nom d'*opium*, et on le trouve dans le commerce sous la forme de gâteaux ou de masses arrondies et aplaties.

L'opium administré à trop fortes doses produit des accidents notables et même la mort ; mais, donné avec précaution, il est un remède très-efficace. Dans l'empoisonnement par l'opium, il faut employer d'abord les vomitifs , ensuite des boissons délayantes un peu acidulées ; mais il faut bien se garder d'employer le vinaigre qui ne ferait qu'augmenter le mal en dissolvant l'opium.

L'opium pris à dose convenable jouit de l'heureux privilége de guérir quelques maladies et de calmer les douleurs de toutes les autres ; ainsi on l'emploie dans ces affections organiques qu'aucun art humain ne saurait guérir, qui font souffrir aux malades des douleurs insupportables, et qui sont calmées et adoucies par l'opium. On en fait prendre pour émousser la sensibilité à ceux qui doivent subir une opération chirurgicale douloureuse. On doit observer que la même dose d'opium qui fait du bien à un individu malade suffirait pour lui donner la mort s'il était dans l'état de santé.

On voit d'après cela combien l'opium est précieux. Dieu, qui savait à combien de maux le péché avait assujetti l'homme, a voulu donner à cette substance des propriétés qui pussent diminuer et calmer ses douleurs ; nous trouvons donc toujours en lui le père tendre qui, même lorsque sa justice exige la punition , est encore prêt à la tempérer par sa bonté.

On fait avec les semences de pavot une huile douce, transparente que le froid ne fige pas et qu'on appelle improprement *huile d'œillet* ; elle sert beaucoup dans la peinture.

Les capsules du pavot et l'opium brut servent à faire du *sirop de pavot* et du *sirop diacode*. Le *laudanum* a aussi l'opium pour base. Ces remèdes sont fort employés en médecine et agissent plus doucement que l'opium.

Les Persans et les Turcs font un grand usage de l'opium pour s'arracher momentanément à cette invincible indolence apathique dans laquelle ils sont plongés. L'opium leur donne une ivresse de quelques heures, une certaine énergie physique et morale ; ils deviennent gais, belliqueux , se repaissent de brillants tableaux et d'images riantes. L'effet de l'opium passé , ils sont plus faibles , plus énervés , plus apathiques qu'auparavant ; mais bientôt ils reprennent de nouveau cette dangereuse substance. Au reste, l'opium , qui est un poison, a perdu pour les Turcs ses propriétés délétères à cause de cet usage si habituel qu'ils en font.

Chou.

Les principaux caractères de la famille des crucifères sont : un calice à quatre sépales souvent caduques, quatre pétales disposés en croix, six étamines dont quatre plus grandes, un réceptacle portant des glandes calleuses, un ovaire libre, un style souvent très-court, deux stigmates ; le fruit est une silique ou silicule.

Le chou est cultivé depuis si longtemps, comme plante alimentaire, que les auteurs les plus anciens en ont fait mention ; on lui attribuait même beaucoup de qualités médicales qui n'ont pu soutenir l'examen, et aujourd'hui il n'est plus ou presque plus employé dans les pharmacies. Il n'y a que sa propriété antiscorbutique qui soit demeurée constatée, qualité qui d'ailleurs lui est commune avec d'autres crucifères.

Le chou est d'un usage général ; il y en a de beaucoup d'espèces différentes qui sont toutes bonnes pour servir d'aliment. Il en est une appelée *colza* qui est fort précieuse, puisque de sa graine l'on obtient une huile dont on fait une grande consommation, surtout pour l'éclairage.

Le chou a peu de saveur et n'a qu'une odeur
fade, mais la cuisson en fait un aliment savou-
reux et agréable. Lorsqu'on le fait bouillir,
l'eau qu'on en retire a une odeur fétide; le chou,
au contraire, a un goût sucré ; cependant il ne
peut se conserver; si on le gardait, il se putré-
fierait bientôt. La culture du chou est répandue
dans tous les pays, surtout dans ceux du nord
où la classe laborieuse s'en nourrit presque
entièrement; il n'est pas dédaigné sur les tables
le mieux servies, où l'art des cuisiniers en
fait un excellent mets. Il est quelquefois un
peu difficile à digérer pour les estomacs faibles ;
mais, pour ceux qui ont une vie active et occupée, il est une excellente nourriture. Il convient aussi, comme légume tonique, aux estomacs
froids.

En Angleterre et en Allemagne on prépare
avec les choux, qu'on fait fermenter dans le sel,
l'aliment renommé qu'on appelle *choucroute*,
et dont on fait un usage général. Il serait à sou-
haiter qu'on en fît autant en France, car cet aliment est d'une grande utilité. Le chou dépouillé
de son suc âcre par la fermentation est de facile
digestion pour tous les estomacs, et devient un
excellent antiscorbutique. C'est à la précaution
que prit l'illustre Cook de s'approvisionner de
choucroute qu'il dut la santé presque miracu-
leuse que conserva son équipage pendant un

long et pénible voyage de trois ans. Dans la guerre d'Amérique, les armées anglaises étaient tourmentées par le scorbut ; on fit cesser ce fléau en donnant aux soldats de la choucroute pour nourriture. La première fois qu'on goûte cet aliment, on le trouve mauvais, mais on s'y habitue aisément, et on finit par le trouver fort appétissant.

Cresson.

Cette plante, de la famille des crucifères, n'a rien de remarquable par ses fleurs qui sont petites, blanches et disposées en corymbe, mais elle orne les ruisseaux et les fontaines d'une verdure agréable. Ses feuilles sont ailées et impaires, la terminale plus longue et presque lancéolée, tandis que les autres sont arrondies.

Le cresson a une odeur vive et piquante et une saveur agréable, quoiqu'accompagnée d'amertume et même d'un peu d'âcreté. Comme la plupart des végétaux crucifères, il paraît contenir une certaine quantité de soufre et d'ammoniaque.

Il est justement renommé pour ses usages médicinaux. Il est bon dans toutes les maladies où il faut exciter l'appétit et faciliter la digestion. On l'emploie dans les dartres scrofuleuses, et c'est un remède puissant contre le scorbut. On s'est bien trouvé d'appliquer en cataplasme ses feuilles sur la tête des enfants, dans les cas de teigne ou de gale, et dans les tumeurs blanches des articulations.

On en prend le suc comme dépuratif, et on l'obtient par pression après avoir pilé la plante, ou bien on le fait macérer dans l'eau. Si l'on veut en faire une décoction, il faut que ce soit dans un vase bien clos; autrement la cuisson lui fait perdre presque toutes ses qualités.

Le cresson se mange en salade ou pour accompagner les viandes rôties; c'est un aliment très-sain et précieux dans les saisons et les pays humides.

Pastel.

De la famille des crucifères, cette plante pousse des tiges hautes de deux à trois pieds, grosses comme le petit doigt, rameuses et portant des feuilles entières, pointues, lancéolées, lisses et d'un vert bleuâtre; les fleurs sont jaunes; le fruit est une silicule pendante.

Le pastel est cultivé en France, surtout dans la Provence et le Languedoc; c'est une plante bisannuelle. On peut à juste titre l'appeler l'indigo français; c'est pour remplacer cette fécule colorante qui nous vient de l'étranger qu'on a porté une attention particulière à la culture du pastel. Il demande une bonne terre, douce, légère et noire. Il ne faut pas mettre du pastel dans la même terre deux années de suite, mais on peut mettre du blé ou du millet, et la troisième année revenir au pastel. On le sème en avril, et on a grand soin de sarcler les mauvaises herbes qui empêcheraient les feuilles de pastel de prendre tout leur accroissement. Ces feuilles se récoltent deux fois dans une saison, même jusqu'à quatre ou six fois lorsque le temps a été favorable ; mais il faut que les feuilles n'aient pas été touchées par la gelée, autrement elles perdraient beaucoup de leur prix.

Lorsque les feuilles sont au point convenable, on les coupe toutes, on les met en tas pour qu'elles se flétrissent ; il faut avoir soin de les mettre à l'abri du soleil et de la pluie, et d'éviter la fermentation. On les broie ensuite dans une auge circulaire, à l'aide d'une meule semblable à celle des moulins à cidre; on les réduit ainsi en une pâte dont on fait des piles qu'on expose à l'air libre, quinze jours après on brise la croûte qui s'est formée dessus, on la mêle avec l'intérieur de la pâte, on la met dans de petits moules, on la fait sécher de nouveau, elle devient fort dure, et dans cet état elle est livrée au commerce sous les noms de *pastel*, *cocagne*, *vouède*. Ainsi préparé le pastel fournit une excellente couleur bleue, très-solide, et dont on peut varier les nuances. Cependant on se sert de préférence de l'indigo, parce qu'il fournit beaucoup plus de matière colorante et qu'il est plus facile à employer ; ceci nous conduit à faire connaître la plante étrangère qui la donne.

L'*indigo* est une fécule bleue tirée de la plante appelée *anil* ou *plante indigofère ;* elle croît dans le Brésil, mais elle est aussi cultivée dans nos îles, et même on a essayé avec succès de la cultiver en Corse. Cette plante est de la famille des légumineuses et demande un bon terrain. Lorsqu'elle est parvenue à sa maturité, ce qu'on reconnaît à la facilité que les feuilles ont à se rompre, et à leur couleur vert-foncé, on coupe les plantes et on les envoie à l'indigoterie ; car, si elles s'échauffaient, cela leur nuirait beaucoup. L'indigofère coupé avant sa maturité donne une couleur plus belle, mais il en rend moins, et, d'un autre côté, plus on attend après sa maturité, plus la qualité de l'indigo devient mauvaise.

Pour obtenir cette fécule on met les plantes dans une cuve remplie d'eau, on les fait macérer promptement et un peu fermenter, on vide cette eau chargée de matière colorante dans une seconde cuve placée à côté de la première, et arrangée de manière à ce que l'eau, en s'échappant par le fond de la première cuve, puisse être reçue dans la seconde ; ensuite on bat cette eau avec une manivelle jusqu'à ce que les parties colorantes qui sont séparées s'agglomèrent et forment de petits grains ; alors on ôte l'eau, la partie boueuse ou fécule tombe dans une troisième cuve, et se précipite au fond. On en remplit des sacs de toile de forme conique, longs de quinze à vingt pouces ; l'humidité s'évapore, et l'indigo acquiert la consistance de pâte. On met cette pâte dans des caissons carrés de deux à trois pouces de profondeur, on l'expose à l'air pour la faire sécher ; on a soin que ce soit à l'ombre : le soleil enlèverait une partie de la couleur. Après cela on coupe cette pâte en petits pains carrés, et on l'envoie en France où elle est d'un grand usage pour la teinture. Nous avons dit qu'on préférait l'indigo au pastel, parce qu'il fournissait plus de couleur et était plus facile à employer.

Cette plante est sujette à être attaquée par une espèce de petits insectes qui détruisent en peu de temps toute la plantation. Dans ce cas, la seule ressource du propriétaire est de faire couper promptement toutes les plantes, de les jeter dans l'eau pour en séparer les insectes, et ensuite d'en tirer la fécule colorante, comme si la récolte eût été faite au moment convenable.

FAMILLE DES AURANTIACÉES OU HESPÉRIDÉES.

Oranger. — Citronnier.

Ces deux arbres appartiennent à la famille des aurantiacées, qui se reconnaît à un calice de trois à cinq dents, pétales elliptiques de cinq à huit, étamines de vingt à soixante, soudées à des filets en plusieurs corps, un style, un stigmate globuleux; le fruit est une baie de sept à douze loges. Cette famille est nommée par quelques botanistes *aurantiacée*, et par d'autres *hespéridée*.

Oranger.

Dans nos contrées, nous ne connaissons l'oranger que cultivé dans des vases et enfermé l'hiver dans des serres; mais, dans les pays chauds dont il est originaire, il s'élève à la hauteur de vingt ou trente pieds, et il a un tronc de la grosseur du corps d'un homme. En nommant cet arbre, notre imagination nous transporte dans les jardins enchantés des Hespérides; il faut avouer que l'oranger mérite d'y figurer par son beau feuillage vert et luisant, par ses fleurs blanches très-odorantes, disposées en bouquet à l'extrémité des rameaux, enfin par ses beaux fruits qui ressemblent si bien à des pommes d'or. De plus, cet arbre donne à la fois toutes ses richesses, il présente en même temps des fleurs et des fruits.

Mais cet arbre n'est pas seulement un riche ornement pour la nature, toutes ses parties ont des qualités qui les rendent très-utiles : les feuilles sont parsemées de petites vésicules remplies d'huile volatile dont le goût amer est essentiellement tonique, et qu'on emploie pour faciliter la digestion, ainsi que contre les maladies nerveuses, en prenant ces feuilles en infusion.

On fait avec les fleurs *l'eau de fleur d'oranger* si connue et si usitée pour calmer les nerfs, et dont on parfume une si grande quantité de mets et de sucreries.

Le fruit est un aliment excellent au goût, rafraîchissant et qui convient beaucoup dans les pays chauds. Le suc mêlé avec de l'eau et du sucre fournit une boisson très-agréable, éminemment propre à calmer l'ardeur de la fièvre, et fort utile dans toutes les maladies inflammatoires.

Cette boisson est aussi très-bonne contre le scorbut, soit comme curatif, soit comme préservatif. Dans les voyages de long cours, où il était impossible de conserver ce fruit, on y a suppléé avec succès par le rob d'orange, qui n'est autre chose que le jus de l'orange préparé et conservé avec le sucre.

Les oranges confites au sucre avant leur maturité fournissent un aliment stomachique d'un goût délicieux. L'écorce sert à faire des liqueurs et des ratafias. Enfin, toutes les préparations dans lesquelles entre cet excellent fruit sont aussi salutaires qu'agréables. Cet arbre est donc un riche et beau présent que le créateur a fait à l'homme.

Citronnier.

Le *citronnier* a une grande ressemblance avec l'oranger; leurs fleurs sont les mêmes. Le premier se distingue du second par la forme de son fruit plus allongé, un peu ovale, terminé par une protubérance plus ou moins saillante, et ayant la couleur d'un jaune canari, au lieu que celle de l'orange est d'un jaune foncé; ses feuilles sont aussi plus aiguës et ont un pétiole bien plus ailé. Le citronnier s'élève jusqu'à la hauteur de soixante pieds, il a de longues épines. On le croit originaire de la Médie ou de l'Assyrie. La culture a fait obtenir de nombreuses variétés dont les plus connues sont le *limon*, la *bergamote* et le *cédrat*.

L'écorce du citron contient une huile essentielle qui a les mêmes propriétés que celle de l'orange, et qui est aussi employée comme tonique. L'intérieur du fruit n'a pas la douceur de l'orange, son suc est au contraire très-acide et préférable, pour étancher la soif , à tous les autres acides végétaux ; cependant il faut prendre garde d'en abuser, il épuiserait promptement les forces de l'estomac et altèrerait les fonctions digestives.

Le suc de citron est employé avec succès contre les empoisonnements par les narcotiques et par les substances âcres et vénéneuses, comme la ciguë, la pomme épineuse. Il est très-bon pour dissiper les embarras bilieux; on l'emploie dans les fièvres ardentes , putrides, malignes et jusque dans la peste ; on lui a même attribué la vertu de prévenir cette dernière maladie. Comme l'impression des acides excite la toux , on ne doit pas s'en servir lorsque la poitrine ou le gosier est le siége du mal.

La manière la plus ordinaire d'employer le suc de citron est de l'exprimer , de l'étendre dans une certaine quantité d'eau et de le sucrer ; c'est ce qu'on appelle *limonade*. Pour ceux qui ont l'estomac faible, on fait bouillir dans l'eau le citron coupé en tranches, c'est alors de la limonade cuite.

On emploie quelquefois le suc de citron comme cosmétique pour donner à la peau de l'éclat; cet usage peut être funeste, parce que si l'on a

quelques petits boutons, cela les fait rentrer. Il
est dangereux aussi d'employer le citron pour
blanchir les dents, il dissout l'émail et finit par
les faire gâter.

Le citron est fort employé dans la cuisine pour
les sauces, il est servi sur les tables pour assai-
sonner les viandes, les poissons, etc. Les confiseurs s'en servent pour faire des confitures très-
estimées.

FAMILLE DES THÉACÉES.

Thé.

La famille des théacées a pour caractères : un
calice à cinq folioles, de six à neuf pétales, étamines nombreuses à filaments libres ou polyadelphes, trois styles connivents, une capsule à
trois loges monospermes.

Cet arbrisseau, dont les tiges sont rameuses,
est toujours vert et s'élève à la hauteur de quatre
à six pieds. Il croît naturellement à la Chine et
au Japon.

Ses fleurs sont alternes, peu pétiolées, d'un
vert un peu luisant, dures, glabres, ovales-
lancéolées.

Les fleurs sont solitaires ou réunies deux à
deux aux aisselles des feuilles.

Le fruit est une capsule à trois coques réunies

par leur base. Les semences sont sphériques, de la grosseur d'une aveline, contenant sous une peau brune un noyau huileux d'une saveur amère.

Les Chinois font usage du thé depuis un temps très-reculé qu'il serait impossible de déterminer, mais nous savons qu'il fut introduit en Europe au milieu du XVIIe siècle, et que Joncquet, médecin français, qui fit son éloge en 1657, l'appela *herbe divine*, et la compara à l'ambroisie.

Les feuilles sont les seules parties de cet arbrisseau qu'on emploie. On les cueille avec beaucoup de soin lorsqu'elles commencent à s'épanouir, on les fait sécher en les exposant sur des plaques de fer chaud, on les humecte et on les fait sécher de nouveau, opération qu'on répète plusieurs fois dans le but de soustraire au thé, au moins en partie, le principe âcre et dangereux qu'il renferme. On les enferme ensuite dans des boîtes doublées de lames de plomb qu'on expédie en Europe.

On distingue dans le commerce plusieurs espèces de thé dont les plus connues sont le *thé impérial*, le *thé bou* et le *thé vert*. Elles proviennent toutes du même arbrisseau, et ne doivent les différences qui les distinguent qu'au moment où les feuilles ont été cueillies et à leur plus ou moins de torréfaction. Voilà du moins l'opinion la plus répandue, cependant quelques personnes assurent que ces différentes espèces de thé proviennent d'arbrisseaux différents.

Le thé est principalement bon pour faciliter la digestion et faire revenir la transpiration, aussi peut-il quelquefois faire avorter les maladies qui viennent d'un embarras d'estomac ou d'un refroidissement. Il est bon aussi comme tonique ; mais il renferme un principe âcre qui cause des effets très-dangereux : de l'eau distillée de thé donnée à des animaux a produit la paralysie ; plusieurs observateurs ont éprouvé que le thé, pris en forte infusion et à jeun, occasionnait des vertiges, de la débilité, un sentiment d'ivresse et l'affaiblissement de la mémoire. Son usage prolongé et abusif rend le teint plombé, ébranle et noircit les dents.

A cause de ce principe âcre dont nous parlons, on ne doit faire usage du thé qu'avec précaution, c'est pour cela qu'on ne l'emploie pas en médecine ; d'ailleurs le temps depuis lequel il est cueilli, la manière de le préparer, et, de plus, les fraudes qu'on lui fait souvent subir dans le commerce lui donnent des qualités si différentes, qu'on ne peut jamais être sûr de l'effet qu'il produira. Il vaut mieux l'employer deux ans après qu'il a été cueilli qu'immédiatement ; il faut aussi, surtout si on le prépare pour des personnes nerveuses, ne se servir que de la seconde ou même de la troisième infusion.

S'il n'est que peu ou pas usité comme médicament, on en fait un grand usage comme boisson ; on en fait une infusion plus ou moins forte qu'on sucre et qu'on mêle avec du lait, ce qui détruit le principe âcre dont nous avons parlé. On fait en Europe une si grande consommation de thé, qu'on en importe, dit-on, vingt-une mille livres. Cette boisson convient dans les pays froids et humides, surtout chez les peuples qui, comme les Hollandais et les Chinois, n'ont à boire que de la mauvaise eau. Le thé a la propriété de précipiter toutes les matières qui s'y trouvent, et corrige par sa saveur le goût fade et malsain de l'eau.

Un fait assez curieux à remarquer, c'est que les Chinois sont plus friands de l'infusion de notre sauge officinale que de leur thé, et qu'ils l'achètent à haut prix des marchands qui vont chercher le thé ; et, en effet, cette sauge et plusieurs autres de nos plantes ont un goût et un arome qui valent ceux du thé ; il ne leur manque que d'être nées dans un pays éloigné.

FAMILLE DES VINIFÈRES OU DES SARMENTACÉES.

Vigne.

M. de Jussieu donne à cette famille le nom de *vinifères*, et M. de Candolle celui de *sarmanta-cées*. C'est sous l'un ou l'autre de ces deux noms que l'on trouvera dans les divers ouvrages de botanique la vigne dont nous allons nous occuper.

La *vigne* est un arbrisseau sarmenteux, difforme, faible, qui s'attache par des vrilles ou mains aux corps qui l'avoisinent. Les feuilles sont pétiolées, grandes, à trois ou cinq lobes dentés et profondément échancrés. Les fleurs sont petites, verdâtres, le calice à cinq divisions, les pétales aussi au nombre de cinq, réunis au sommet, divisés à la base et se renversant en dehors; cinq étamines, un stigmate sessile. Le fruit est une baie à deux loges, une ou deux semences dans chaque loge.

Ce fruit, qu'on nomme raisin, disposé en grappe, a, lorsqu'il est mûr, un goût acide très-prononcé. Voilà la vigne telle qu'elle croît naturellement en Italie, dans les provinces méridionales de la France et dans d'autres pays; mais la culture a amélioré et multiplié les espèces à un point inconcevable. Nous ferons connaître les principaux usages de ces espèces ainsi améliorées, sans nous attacher à les décrire, ce qui serait trop long et n'offrirait pas assez d'intérêt : il suffit de dire que la vigne cultivée fournit des grappes dont les grains sont beaucoup plus gros que celui de la vigne sauvage, qu'ils ont un goût très-sucré, quelquefois un peu aigrelet, dont la saveur et les qualités diffèrent suivant les espèces.

Il est tout à fait probable, quoiqu'on ne s'accorde pas sur ce point, que la vigne est originaire d'Asie. Ce qu'il y a de sûr, c'est qu'elle a été connue dès la plus haute antiquité, puisque dans la Bible il est dit que Noé fit du vin, et nous voyons aussi que, chez tous les peuples, l'origine de la culture de la vigne se perd dans les temps fabuleux. Quoi qu'il en soit, cette culture s'étendit beaucoup, et on planta la vigne dans tous les endroits où elle pouvait réussir. Les peuples du Nord étaient attirés dans le Midi pour se procurer le produit des raisins, et lorsqu'ils pouvaient naturaliser ce précieux végétal dans leur pays, ils se hâtaient de le faire. C'est ainsi que les Gaulois, attirés en Italie par le vin délicieux qu'elle produit, cherchèrent à faire la conquête de ce pays, et rapportèrent ensuite des plants de vigne dans leur patrie ; mais la vigne était déjà connue dans les environs de

Marseille où elle avait, dit-on, été portée par les Phéniciens.

Cette culture a parfaitement réussi en France, surtout dans les provinces méridionales. L'exposition la meilleure pour la vigne est sur les collines tournées au midi; cependant la qualité de la terre est une condition plus essentielle encore : cette terre doit être un peu maigre, légère, sèche, mélangée de cailloux et de pierres à fusil; dans les terres grasses et fortes, les vignes ne produisent que du vin d'une qualité grossière. Le climat influe beaucoup sur le raisin; il est très-doux et sucré dans les pays chauds, et devient plus acide à mesure qu'on monte vers le Nord. Le vin participe de la qualité des raisins : celui du Midi est donc doux et très-spiritueux, et celui du Nord acide et froid. Le premier monte aisément à la tête à cause de la grande quantité d'*alcool* ou *esprit-de-vin* qu'il contient ; le second en contient beaucoup moins, et par conséquent l'on peut donc en boire une plus grande quantité sans en être incommodé. Nous avons en France ces deux espèces de vins : ceux de nos provinces méridionales, qui sont doux et capiteux, et ceux des provinces du Nord, qui sont légers et un peu acides.

Le suc qu'on obtient du raisin par la pression se nomme *moût*. On l'emploie à divers usages domestiques, principalement à faire des confitures qui sont excellentes, mais ce n'est que dans les pays où les raisins sont doux ; car, lorsqu'ils sont acides, ils ne sont point propres à cela. On clarifie préalablement le moût en le faisant chauffer et en y jetant de la craie pulvérisée qu'on remue bien, qu'on laisse ensuite reposer au fond et qu'on décante quand c'est refroidi.

Le moût soumis à la fermentation devient du *vin* qui varie, nous l'avons dit, suivant la nature du raisin, du climat, etc. Le bon vin est un des meilleurs toniques dont on puisse faire usage ; il est excellent pour fortifier, pour faciliter la digestion ; il produit de bons effets dans la convalescence de toutes les maladies exemptes d'inflammation ; il convient aux tempéraments lymphatiques, aux vieillards, aux personnes faibles, dans les climats froids et non dans les climats chauds ; c'est enfin une des boissons les plus utiles que la médecine puisse employer. Il est devenu d'un usage encore plus général comme simple boisson ; et alors, pris avec modération, il est salutaire : aussi la vigne est-elle un présent dont nous devons remercier la providence ; le vin nous est représenté dans la Bible comme propre à réjouir le cœur (1). Pour nous donner l'idée de l'abondance et de la paix ,

(1) Ps. CIV, ou Vulg. Ps. CIII.

on nous dit que *chacun sera assis sous sa vigne et sous son figuier* (1).

N'est-il pas bien déplorable que l'homme, au lieu d'user avec actions de grâces de ce bienfait de Dieu, le tourne contre lui par l'abus qu'il en fait? Avide de sensations fortes, il prend du vin avec excès, et cet excès a pour lui les suites les plus funestes : il tombe dans un état d'ivresse avilissant qui le met au-dessous de la brute en lui faisant perdre la raison. Cet état violent passe au bout de quelques heures ; mais celui qui renouvelle cet abus est sujet à divers genres de maladies, à des tremblements continuels et involontaires ; ses facultés intellectuelles s'affaiblissent, sa mémoire se perd, son cœur s'endurcit, il n'est plus propre aux affections douces qui font ici-bas nos plus pures jouissances. Dans l'égarement de sa raison, il peut même se livrer et trop souvent il se livre à toutes sortes d'écarts et jusqu'aux attentats les plus criminels. Ainsi l'esclave de ce vice brutal nous prouve, par son triste exemple, que ceux qui abusent des dons de Dieu trouvent leur châtiment dans leur faute même. Ce châtiment peut même aller jusqu'à un degré effroyable. On a vu des hommes dont le corps s'était tellement imprégné d'alcool par l'abus du vin et des li-

______

(1) Michée, ch. IV.

queurs, qu'à la fin, au moindre contact du feu, ils se sont enflammés et consumés tout à coup : image terrible du feu de la justice divine qui doit un jour atteindre ceux qui méprisent et transgressent la loi du Seigneur ; aussi sa parole s'élève-t-elle sans cesse avec force contre l'excès dont nous parlons : *Malheur à ceux qui sont puissants à boire le vin, et vaillants à avaler les liqueurs fortes* (1) !

Par la distillation, on retire du vin l'*esprit* ou *alcool*, principe spiritueux dont nous avons parlé : c'est une liqueur incolore, d'une odeur et d'une saveur très-fortes ; elle a les qualités spiritueuses du vin, mais à un degré beaucoup plus élevé, ce qui fait qu'il faut l'employer avec une grande prudence. En médecine, on ne l'emploie jamais seul, mais il est fort utile parce qu'il dissout des substances qui ne sont solubles dans aucun autre liquide. Il sert aussi, pour la même raison, dans les arts, pour des peintures, des vernis, etc.

Enfin, le vin exposé au contact de l'air donne le *vinaigre* dont l'usage est si général et si utile pour la cuisine ; il sert aussi pour conserver divers aliments ; il est rafraîchissant et employé comme tel en gargarisme dans les

(1) Esaï., **V**, **22** ; voyez aussi Luc, **XXI**, **34** ; Rom., **XIII**, **12**, **13** ; Eph., **V**, **18**.

maux de gorge. Mêlé avec de l'eau et du sucre il forme une boisson agréable et salutaire pendant l'été.

Si le raisin nous donne de si précieux produits, il est lui-même, quand il est mangé bien mûr, un aliment très-sain et très-agréable : il est adoucissant et rafraîchissant; il convient beaucoup dans les convalescences et dans les fièvres. C'est un plat de dessert vu avec plaisir sur les meilleures tables. Séchés au soleil ou au four, ils prennent le nom de *raisins secs*, et sont très-agréables au goût; ils sont alors moins rafraîchissants, mais aussi plus nourrissants que les raisins frais.

On attribue à la sève qui découle au printemps des jeunes pousses de vigne une grande vertu pour guérir les maux d'yeux; c'est un préjugé : cette sève à laquelle on donne le nom de *pleurs de vigne* n'a ni saveur ni vertu, et ne peut être employée comme remède.

Enfin les feuilles de la vigne sont une nourriture qui plaît aux bestiaux. Les branches ou sarments donnent une flamme vive et brillante qui nous réchauffe et nous réjouit. Leurs cendres servent à faire les lessives et sont recherchées par les chimistes, qui en retirent de l'alcali.

Ce que nous venons de dire nous montre combien de choses éminemment utiles et agréables nous sont fournies par un végétal qui n'a pas une grande apparence, et qui, lorsqu'il est dépouillé de ses feuilles, offre un aspect si peu agréable; mais, en nous rappelant combien il est précieux, nous serons portés à remercier Dieu de son présent. Nous nous rappellerons aussi, en voyant une vigne, la comparaison si frappante que fait le Sauveur, que, pour porter les fruits des bonnes œuvres, il faut que ses enfants lui soient unis comme le sarment l'est au cep, et que nous ne devons pas mieux espérer de faire le bien d'une manière agréable à Dieu, si nous sommes séparés de Jésus, que nous ne nous attendons à voir produire du raisin au sarment détaché du cep (Voy. saint Jean, XV, 1, etc.).

FAMILLE DES MALVACÉES.

Mauve. — Guimauve.

Ces deux plantes sont de la famille des malvacées, qui offrent les caractères suivants : calice le plus souvent double, l'intérieur à cinq ou quatre folioles, l'extérieur variable pour le nombre de ses divisions, cinq pétales égaux et adhérents par leur base à un tube staminifère, étamines nombreuses à filaments soudés, un ovaire supérieur surmonté d'un style divisé depuis cinq jusqu'à vingt stigmates, fruit composé d'une seule capsule à plusieurs loges et à plusieurs valves, ou formé de cinq à vingt capsules ramassées autour de la base du style et contenant une ou plusieurs graines.

Mauve.

Cette plante se trouve partout en abondance ; elle a des feuilles alternes, longuement pétiolées, un peu velues ; ces jolies fleurs rougeâtres ou purpurines viennent à l'aisselle des feuilles.

Les anciens faisaient un grand usage de la mauve comme aliment. Pythagore la vantait beaucoup et la regardait comme propre à favoriser l'exercice de la pensée et la pratique de la vertu, singulier éloge bien digne d'un païen qui fait tout dépendre de la matière. Maintenant la mauve n'est plus mise au rang des aliments, mais elle est du nombre des plantes dont les qualités médicales ne peuvent être révoquées en doute. Toutes ses parties contiennent beaucoup de mucilage ; il est en plus grande quantité dans les fleurs et dans les feuilles que dans les racines ; ce sont aussi les premières qui sont employées. On les met en cataplasmes ; elles ont la propriété de calmer les douleurs et sont à un haut degré adoucissantes, émollientes et rafraîchissantes. On les applique sur les plaies et sur les tumeurs pour hâter la résolution de ces dernières.

Les fleurs de mauve en infusion forment une boisson excellente dans toutes les maladies inflammatoires, dans les rhumes et les catarrhes. L'abus de cette boisson affaiblirait l'estomac, c'est pourquoi il faut, lorsqu'on en fait un usage prolongé, la sucrer et l'aromatiser de manière à prévenir ses effets débilitants.

Ce remède a d'ailleurs le grand avantage d'être à la portée de tout le monde et de se trouver toujours près, puisque, comme nous l'avons dit, la mauve est une plante très-commune.

Guimauve.

La *guimauve* ressemble beaucoup à la mauve pour les propriétés et pour l'extérieur ; la guimauve est cependant plus grande, elle s'élève à la hauteur de trois à quatre pieds. Ses tiges et ses feuilles sont couvertes d'un duvet cotonneux presque soyeux ; ses fleurs sont presque sessiles et réunies en paquet aux aisselles des feuilles.

La racine est de la grosseur du doigt, grisâtre en dehors, blanche intérieurement ; sa saveur est fade et muqueuse ; elle contient plus

de la moitié de son poids d'un mucilage doux
et visqueux qui se retrouve dans les autres parties de la plante, mais en bien moins grande
quantité ; aussi est-ce exclusivement de la racine
que l'on fait usage. Elle a les qualités adoucissantes de la mauve et peut être employée dans
les mêmes cas. C'est toujours de la décoction
de cette racine qu'on se sert. Quand on veut en
faire des cataplasmes, on la mêle à quelque
farine adoucissante. On en fait des gargaris-
mes très-bons contre les aphtes et les maux de
gorge.

La décoction de racine de guimauve devient,
en se refroidissant, une gelée plus ou moins
transparente : en l'unissant au sucre, on en fait
une pâte d'un goût très-agréable et qui, en la
laissant fondre doucement dans la bouche, en
calme l'irritation ainsi que celle du gosier. On
en prépare aussi un excellent sirop connu sous
le nom de *sirop de guimauve*.

Baobab.

Nous venons de parler de la mauve et de la
guimauve qui sont deux plantes herbacées ;
toutes celles que nous avons dans nos pays, de
la même famille, sont aussi des herbes ou tout
au plus des arbrisseaux, comme l'althéa ; mais,
dans les pays chauds, la famille des malvacées

renferme des arbres, entre autres le *baobab*
dont nous allons nous occuper, et qui est même
le plus gros des végétaux connus. Son tronc ne
s'élève guères qu'à la hauteur de douze ou quinze
pieds ; mais sa circonférence en acquiert plus de
soixante-quinze. Une grande quantité de branches remarquables par leur grosseur et surtout
par leur longueur, qui est de cinquante à
soixante pieds, couronnent ce tronc prodigieux.
Les branches, par leur propre poids, sont courbées vers la terre ; ainsi elles cachent le tronc et
donnent au baobab, vu d'une petite distance,
l'aspect d'une énorme masse de verdure hémisphérique. Des racines correspondantes fixent en
terre cet arbre colossal ; une grosse racine pivotante se trouve au centre, et des branches
latérales de celle-ci s'étendent à fleur de terre
plus loin encore que les branches.

Les feuilles sont pétiolées, digitées, composées de trois, cinq ou sept folioles, munies à
leur sommet de quelques dents plus ou moins
marquées ; la foliole du milieu est longue d'environ cinq pouces sur deux de large ; les autres
vont en diminuant successivement.

Les fleurs du baobab surpassent en dimension
toutes celles déjà connues ; elles ont quatre
pouces de longueur sur six de largeur. Elles
naissent solitaires de l'aisselle des deux ou trois
feuilles inférieures de chaque branche, soute-

nues par un pédoncule cylindrique long d'un pied. Elles sont composées d'un calice réfléchi en dehors, de cinq pétales blancs aussi réfléchis. Plus de sept cents étamines, dont les filaments sont réunis dans leur partie inférieure, se rabattent en forme de houppe sur un ovaire supérieur, velu et surmonté d'un style très-long, creux, couronné par dix à quatorze stigmates prismatiques.

Le fruit est une grosse capsule ligneuse, longue de quatre à dix-huit pouces, couverte à l'extérieur d'un duvet épais, verdâtre, et partagée intérieurement par des cloisons membraneuses formant de dix à quatorze loges dont chacune contient environ soixante graines dures, noirâtres et luisantes.

Cet arbre est originaire des parties les plus chaudes de l'ancien monde ; il a été transporté en Amérique où il a prospéré comme dans son pays natal. Il y en a deux individus dans les serres du jardin impérial de Vienne, dont l'un a environ douze pieds de hauteur, et qui, par sa tête arrondie et régulière, présente la forme d'un bel oranger ; mais il y a loin de là au roi des végétaux que Thevet a vu le premier, et dont Adanson a donné des descriptions très-détaillées. Il dit que la crue du baobab, d'abord très-rapide, diminue au bout d'un certain temps, et ne s'opère qu'avec une extrême lenteur.

Adanson a calculé que le baobab ne devait avoir atteint son plus grand degré d'accroissement qu'à sa millième année ; mais il convient que ses calculs n'étant fondés que sur des analogies, ils peuvent très-bien n'être pas entièrement justes.

Le fruit du baobab mangé frais a une saveur aigrelette et agréable. Les Français nomment ce fruit *pain de singe*. Desséché et réduit en poudre il est bon pour calmer l'ardeur de la soif et pour remédier aux maladies des intestins. On retrouve dans les feuilles et dans l'écorce le caractère mucilagineux et les qualités adoucissantes et émollientes des malvacées. Bouillies dans l'eau, elles donnent une tisane dont l'illustre Adanson loue beaucoup les vertus. Pendant son séjour au Sénégal, à l'époque des fièvres et des maladies qui désolent les naturels du pays et n'épargnent aucun étranger, Adanson rapporte que lui et un officier français jouirent d'une santé inaltérable pendant que tous leurs compatriotes étaient alités, et il attribue cette heureuse exception à l'abstinence du vin et à une chopine de tisane de baobab qu'ils prenaient soir et matin.

Lorsque le fruit est gâté, son écorce ligneuse mêlée à l'huile de palmier qui commence à rancir fournit aux nègres un excellent savon. Les nègres se servent aussi des feuilles de baobab desséchées à l'ombre et pulvérisées pour faire ce qu'ils appellent *lalo*, et qu'ils mêlent à tous leurs aliments, non pour leur donner du goût, car cette poudre n'en a aucun, mais comme rafraîchissant et donnant aux aliments une qualité plus douce. Quand les malheureux nègres sont enlevés et conduits en esclavage par d'injustes oppresseurs, ils emportent toujours un sachet rempli de graines des plantes ou des arbres de leur pays. Les graines de baobab ne sont jamais oubliées : ainsi ces infortunés, dans la terre d'exil, trouvent une consolation de s'entourer des productions de leur pays natal.

Le baobab est sujet à la carie, ce qui fait qu'il a besoin d'un terrain exempt de pierres; car, s'il en rencontre quelqu'une qui blesse ses racines, elles se carient aussitôt, le mal se communique au tronc, et l'arbre périt infailliblement. Les nègres font un singulier usage de ces troncs ainsi creusés par la carie; ils en régularisent l'intérieur sans abattre l'arbre, et ils y suspendent ensuite les corps de ceux à qui ils refusent les honneurs de la sépulture. Ces corps ainsi suspendus se dessèchent et deviennent de véritables momies.

Outre cette carie, le baobab est sujet à une autre maladie plus rare à la vérité, mais qui est aussi mortelle, c'est une espèce de moisissure qui se répand dans l'intérieur, et qui, sans changer son apparence, réduit tout le tronc à n'avoir pas plus de consistance que la moelle ordinaire des arbres. Dans cet état il n'a aucune force, et le moindre coup de vent abat ce tronc monstrueux. Le chrétien peut bien voir là une image frappante de l'homme vertueux selon le monde, qui ne s'appuie que sur ses propres forces, et non sur celles de son Sauveur ; il offre un aspect magnifique, on le croit abondant en fruits et assuré pour toujours ; mais toutes ces vertus ne sont qu'apparentes : l'intérieur est frappé de faiblesse et de corruption, et la moindre épreuve, le premier souffle de l'adversité fait crouler cet édifice qui paraissait aussi solide que brillant.

Cacaoyer.

Le *cacaoyer* est encore un grand et bel arbre exotique, de la famille des malvacées. Son tronc s'élève à la hauteur de plus de trente pieds ; il est ordinairement droit et gros comme la cuisse ; son bois est poreux, fort léger, une écorce rude et brunâtre.

Les feuilles sont alternes, très-entières, longues de huit à dix pouces, soutenues par des pétioles d'un pouce, renflés à leur base et munis de deux stipules.

Les fleurs extrêmement petites, vu la grosseur de l'arbre, sont disposées en faisceaux attachés au tronc et aux branches principales ; elles ont cinq pétales rosés, cinq étamines et cinq filets nus formant à leur base inférieure un tube qui environne le pistil.

Le fruit est semblable à un concombre, long de six à huit pouces ; il prend en mûrissant, selon les variétés, une couleur rouge foncé ou une nuance parfaitement jaune. L'intérieur du fruit est divisé en cinq loges séparées par des cloisons membraneuses, et contenant chacune environ dix graines en forme d'amande, empilées les unes sur les autres et revêtues d'une arille ou enveloppe membraneuse et succulente.

C'est dans le XVIIe siècle que les Français ont commencé à cultiver le cacaoyer qui, par son excellent rapport, dédommage amplement les colons de la peine qu'ils prennent, car ces plantations demandent beaucoup de soins. Il est surtout nécessaire de choisir une exposition à l'abri des ouragans ; les forêts nouvellement défrichées offrent un terrain très-convenable aux cacaoyers. Pour ménager de l'ombre au jeune végétal, on plante un *manihot* (espèce d'arbuste avec la racine duquel on fait le cassavas et la farine qui sert de pain à tous les naturels de l'Amérique), et c'est à l'ombre de cet arbuste qu'on sème la graine du cacaoyer qui commence à lever au bout de neuf mois ; alors on arrache le manihot, et on met à la place des *giraumonts*, des *citrouilles*, des *choux* dont les larges feuilles empêchent les plantes étrangères de croître. Le cacaoyer croît en forme de couronnes qui, de distance en distance, entourent le tronc. Pour obtenir plus de fruit, il convient de ne laisser qu'une couronne et de détruire tous les bourgeons qui en formeraient d'autres. Cet arbre produit une immense quantité de fleurs dont la plus grande partie coule, de manière que tout à l'entour le sol est jonché de ces petits pétales rosés. Il y a des fruits toute l'année, mais le moment de l'abondance est dans le mois de juin.

Le bois du cacaoyer, léger et spongieux, ne peut être d'aucun usage dans les arts; il est à peine bon pour le chauffage; ses grandes et belles feuilles font un excellent fumier qui donne beaucoup de terre végétale; l'arille mucilagineuse qui enveloppe les graines étanche la soif, et a un goût acidulé fort agréable; mais tout cela est peu de chose. Ce qui fait la véritable utilité du cacaoyer, c'est son amande; c'est aussi sur elle que se porte l'attention, et c'est à elle qu'on a donné le nom de *cacao*. Lorsque les fruits sont mûrs, on envoie des nègres pour en faire la récolte; ils ne prennent que ceux dont la maturité est parfaite, ayant bien soin de n'endommager ni les autres fruits ni les fleurs. Il est essentiel d'empêcher les amandes de germer, aussi dès le cinquième jour les retire-t-on du fruit, ensuite on les met par gros tas entre des feuilles de balisier ou dans la terre, pour qu'une légère fermentation leur fasse perdre leur faculté germinative. On appelle vulgairement cette opération *faire ressuer* ; on la pratique dans quelques pays pour conserver les châtaignes. Dans cet état, les amandes de cacao sont presque inaltérables ; à cause de cela les Mexicains s'en servaient comme de monnaie. Ces amandes sont d'une qualité plus ou moins supérieure qui provient de l'exposition et de la fécondité des terrains, du mode de culture, enfin de l'attention qu'on apporte au triage. Les droguistes assignent à ces nuances variées des noms particuliers ; ils appellent *cacao caraque* celui qui vient de la côte de ce nom dans la province de Nicaragua ; c'est le plus estimé. Il y a encore le *cacao des îles*, dont l'écorce est plus épaisse et l'amande plus petite ; celui de *Surinam*, dont l'amande est plus allongée ; le *cacao berbiche*, dont l'amande est plus courte, arrondie et très-onctueuse.

Avant l'arrivée des Espagnols et des Portugais en Amérique, les naturels du pays faisaient avec le cacao délayé dans l'eau chaude, assaisonné de piment, coloré avec le rocou et mêlé avec de la farine de maïs, une boisson détestable qu'ils appelaient *chocolat* ; les Espagnols ont conservé le nom, mais ont totalement changé la composition. Pour préparer le chocolat européen, on monde les amandes de cacao, on les passe dans une bassine à un feu modéré, on les pile ensuite dans un mortier bien chaud, on leur fait subir encore plusieurs opérations pour les mieux réduire en pâte, on y mêle ensuite un poids égal de sucre, on fait refroidir dans des tablettes de fer-blanc, et on a le chocolat de santé. En y mêlant de la vanille, on a du chocolat à la vanille dont le parfum est extrêmement agréable. Quelques fabricants mêlent du poivre ou du gingembre à leur chocolat pour lui donner du goût avec moins de dépense, mais alors il devient mauvais pour la santé. On a besoin d'être assuré de la manière dont est fabriqué le chocolat, car on le fraude bien souvent.

Le chocolat a été extrêmement préconisé; on lui a prêté des vertus tout à fait extraordinaires. On ne peut ajouter foi à ces cures miraculeuses qu'on lui attribue; mais ce qu'il y a de certain, c'est qu'il tient le premier rang parmi les stomachiques, et qu'il a la propriété d'exciter l'appétit.

Les peaux qui se détachent des amandes de cacao lorsqu'on les torréfie, étant bouillies dans l'eau et mêlées avec du lait, sont bonnes pour adoucir et calmer l'irritation. Avec les amandes on fait une espèce de confiture excellente pour l'estomac. On retire aussi du cacao une espèce d'huile ou de beurre dont on se sert quelquefois à Gayenne pour faire la cuisine ; ce beurre est bon contre les rhumes de poitrine et contre les poisons corrosifs. On en a fait aussi d'excellentes bougies. On l'emploie encore à faire une pommade qui réussit très-bien pour calmer les inflammations, les éruptions âcres, les gerçures et les brûlures.

Cotonnier.

Ce végétal , de la famille des malvacées , est un des plus utiles qu'on connaisse. Les fleurs ont cinq pétales dont la couleur varie selon les espèces; dans le cotonnier commun elles sont jaunâtres, marquées à la base d'une tache rouge; cette tache va toujours en s'agrandissant et finit par couvrir toute la corolle ; et, comme les fleurs ne viennent pas toutes en même temps, cet arbre offre le singulier phénomène de porter des fleurs jaunes , d'autres rouges et d'autres panachées de ces deux couleurs. Dans le cotonnier marron , les fleurs sont plus petites et de couleur citron pâle. L'ovaire placé au fond du calice devient un fruit gros comme une noix , contenant plusieurs graines d'un brun foncé, oblongues, oléagineuses, de la grosseur d'un petit pois ; elles sont entourées d'un duvet soyeux d'une extrême finesse qu'on nomme *coton*. Ce fruit s'ouvrant de lui-même , il est nécessaire d'en faire la récolte à propos , sans quoi le coton se perdrait.

On distingue deux espèces de cotonniers ; le cotonnier herbacé et le cotonnier en arbre ; ce dernier est celui qu'on cultive le plus. Il y a un grand nombre de variétés ; les plus estimés sont le *cotonnier de Siam blanc* , qu'on appelle aussi *cotonnier de soie ;* les fibres de son duvet sont longues, soyeuses et d'un blanc éclatant ; le *cotonnier de Cayenne* , le *cotonnier de Siam franc ;* son duvet est jaune-nankin ; on en fait l'étoffe appelée nankin, qui conserve toujours sa couleur , tandis que lorsqu'on la fabrique avec du coton blanc qu'on fait teindre , la couleur passe lorsqu'elle a été lavée quelquefois.

Le cotonnier ne croît que dans les pays chauds. Les terres arides , sablonneuses, les plaines ou les hauteurs lui conviennent ; mais on doit avoir soin de le mettre à l'abri du vent du nord , qui dessècherait et brûlerait ses feuilles et ses fleurs. La culture du cotonnier n'est pas difficile et emploie peu de nègres : on sème les graines en quinconce, elles ne tardent pas à lever, et l'arbre porte au bout de huit ou neuf mois. La récolte dure trois mois ; lorsqu'elle est faite, on coupe la branche qui a porté du fruit , pour qu'il vienne de jeunes rameaux qui ont toujours plus de fruit que les anciennes branches ; c'est pour la même raison que dans quelques contrées on coupe tous les trois ans les cotonniers à fleur de terre, ils repoussent et produisent plus promptement qu'une nouvelle plantation. Le cotonnier arbre s'élève ordinairement à la hauteur de huit ou dix pieds, mais, lorsqu'il en a quatre ou cinq, on l'arrête en lui coupant la tête, afin qu'il puisse s'arrondir et porter plus de fruits; on élague aussi les branches latérales.

Nous avons dit que la culture du cotonnier n'était pas difficile; mais ces arbres ont un grand nombre d'ennemis qui leur livrent une guerre souvent meurtrière. A peine la semence est-elle en terre, que des cloportes et des scarabées s'introduisent dans les trous qui les contiennent, et les dévorent. Lorsque les jeunes plantes poussent, les grillons et les diablotins les attaquent; des vers rongent la partie ligneuse de l'arbre, il s'y forme un chancre et le tronc devient si fragile, que le moindre coup de vent l'abat; des punaises de toutes les espèces font tomber les fleurs du cotonnier; enfin une espèce de chenille, appelée chenille du cotonnier, est encore pour cet arbre le fléau le plus redoutable; ces insectes multiplient avec une incroyable rapidité et détruisent en peu de temps une plantation toute entière. Voilà bien de quoi décourager les habitants d'une culture qui présente des chances si défavorables: cependant, s'ils y renonçaient, nous serions privés d'un des produits végétaux les plus importants et le plus en usage. Mais Dieu, qui ne voulait pas avoir fait à l'homme un présent inutile, a mis le remède à côté du mal; il envoie des pluies abondantes suivies de chaleurs excessives qui détruisent tous ces insectes malfaisants, et laissent aux propriétaires la faculté de récolter les gousses de cotonnier. Il faut les cueillir avec soin et les mettre dans un panier; on expose le coton au soleil pendant deux ou trois jours, on le met ensuite en magasin, où il faut bien prendre garde aux rats, qui sont friands des graines de cotonnier et se servent du duvet pour arranger leurs nids. On fait ensuite passer le coton sous un moulin qui sépare les graines du duvet; celui-ci est reçu dans un sac, on l'emballe ensuite avec une toile forte, bien cousue et mouillée pour que le coton s'y attache et qu'on puisse le fouler également. C'est dans cet état qu'on nous l'envoie; il est presque brut, mais l'industrie européenne a su tirer un immense parti de cette matière. On a des machines et des moulins mus par l'eau, pour éplucher, carder et filer le coton. On en fait du fil de toute qualité, qui sert à fabriquer depuis la grossière toile de coton jusqu'à un tissu assez fin pour rivaliser avec la batiste dont on lui a donné le nom. Les étoffes de coton ont été nommées d'abord *mousseline*, à cause de l'espèce de *mousse* ou *duvet* qui se trouvait dessus; depuis,

le nom de mousseline a été réservé exclusivement aux étoffes de coton dont le tissu est clair
et transparent. La fabrication est tellement per-
fectionnée, qu'on fait maintenant avec le coton
des étoffes qui imitent celles de soie, et servent
à faire des meubles et des tentures. Le linge de
coton est devenu d'un usage général ; il a cependant moins de solidité que celui de chanvre ;
mais ce désavantage est compensé par le prix
qui est moins élevé et par un degré de blancheur que les toiles de chanvre n'atteignent
jamais.

Les toiles de coton peintes servent à l'habille-
ment de presque toutes les femmes de la classe
pauvre et de la classe moyenne ; on en fait des
robes et des châles de toute espèce. C'est aussi
une excellente matière pour faire des bas ; on
en fabrique de toutes qualités, de très-grossiers
pour les gens du peuple, et d'une finesse extrême pour les gens riches. Ceux d'une qualité
supérieure sont préférés aux bas de soie à cause
de leur blancheur et de la facilité qu'on a de les
laver tant qu'on veut, sans qu'ils soient moins
jolis. Les gros bas de coton tiennent très-chaud
et durent longtemps.

Dans les premiers temps qu'on exportait le
coton en Europe, il était fort rare et par conséquent très-cher ; maintenant on le porte en
abondance, et le prix en a considérablement

diminué. Pour en donner une idée, nous dirons qu'une paire de bas de coton du poids de trois onces se vendait alors soixante ou quatre-vingts livres, tandis qu'à présent les plus beaux se vendent six francs, et que pour un franc on en a dont à la vérité le tissu est grossier, mais qui font encore beaucoup d'usage.

Lorsque les étoffes de coton sont tout à fait en lambeaux, on les vend aux chiffonniers et elles servent à faire du papier. On avait d'abord le préjugé de croire qu'elles ne pouvaient servir à cet usage; l'expérience a prouvé que c'était une erreur et qu'elles donnaient du papier d'une aussi bonne qualité que celles de chanvre, en y mêlant toutefois une certaine quantité de chiffons de toile, pour donner au papier plus de consistance et de force. On avait aussi le préjugé de croire que le linge de coton envenimait les plaies; les médecins instruits ont reconnu qu'il n'y avait aucune différence, et que le vieux linge de coton pouvait être employé comme le vieux linge de toile.

Pendant longtemps la France a tiré les étoffes de coton des pays étrangers, ce qui était pour elle un impôt considérable. Par une administration mal entendue on craignait, disait-on, que l'entrée de cette nouvelle matière ne portât préjudice à la soie et au chanvre qui se récoltaient en France; ainsi ce n'était que par con-

trebande qu'on pouvait se procurer du coton.
Cette contrebande devenant de jour en jour
plus étendue, il fut nécessaire de faire cesser la
prohibition, et Louis XV rendit à cet effet un
arrêté en 1758. Le champ fut alors ouvert à
l'industrie, et le fameux Oberkampf, qui devait
plus tard affranchir la France de la dépendance
où elle était de l'étranger, vint à Paris, à peine
âgé de vingt-un ans, et sans autre ressource que
ses talents. Il se plaça d'abord comme ouvrier
dans la seule petite fabrique qui existât à Paris;
plus tard il fonda un établissement à Jouy, où
il eut à lutter contre l'ignorance, les préjugés,
les intérêts qui se croyaient compromis par l'introduction de cette nouvelle industrie. Il ne se
découragea pas, surmonta tous les obstacles par
ses talents et son génie; il était soutenu surtout
par une foi vive en la Providence; il fut aussi
persécuté par des ecclésiastiques, parce qu'il
appartenait à la communion réformée. Il s'entoura de tous les hommes dont les talents pouvaient lui être utiles, Chaptal, Berthollet, etc.
Il réussit pleinement et établit la première ma-
nufacture qui se soit vue en France, dans laquelle le coton entrait brut et sortait en toiles
peintes. Bien loin que ces succès portassent préjudice à la France, trois cents établissements
du genre de celui de Jouy se sont formés dans
ce royaume, deux cent mille ouvriers y sont

occupés , et la main-d'œuvre fait retirer un bé-
néfice de deux cent quarante millions, sur une
valeur première en coton de quatre-vingts millions. Voilà ce que la France doit à Oberkampf;
aussi a-t-il été ensuite autant honoré qu'il avait
d'abord été découragé et méprisé. Louis XVI
lui donna des lettres de noblesse. Napoléon visita la fabrique de Jouy, et détachant la croix
d'honneur qu'il portait à sa boutonnière, il la
donna à Oberkampf, en lui disant : *Personne plus
que vous n'est digne de la porter. Nous faisons
une bonne guerre aux Anglais , vous par votre industrie , moi par mes armes. La vôtre est encore la
meilleure.* Et c'est la vérité , car les tissus français étaient si bien faits , et surtout imprimés et
nuancés avec tant de goût, que les Anglais , de
qui nous tirions en grande partie nos toiles peintes , ont à leur tour rendu hommage à notre
industrie en venant s'approvisionner à nos manufactures.

Au reste tout ce que nous venons de dire sur
le cotonnier confirme, ce que nous avons déjà eu
occasion de remarquer plusieurs fois , de quelle
utilité peut être un seul végétal pour les besoins
de l'homme, et avec quelle profusion la main
paternelle du Créateur a répandu pour nous ses
biens sur la terre.

FAMILLE DES CARYOPHYLLÉES.

Lin.

Quelques botanistes ont séparé , dans les caryophyllées, cette plante et quelques autres, et en ont fait une section connue sous le nom de famille des *linées*.

Les caractères des caryophyllées sont : calice à cinq, rarement à quatre sépales, ou d'une seule pièce à cinq, rarement à quatre dents ; trois, cinq ou dix étamines ; de un à cinq styles ; capsule à une, rarement à deux , cinq loges , à cloisons naissant du milieu des valves.

Le *lin* est une jolie plante croissant naturellement dans quelques contrées de l'Europe et cultivée dans presque toutes. Il a une tige menue, droite, glabre, cylindrique, rameuse vers son sommet, haute d'environ un pied et demi ; les feuilles sont sessiles, linéaires-lancéolées, aiguës, longues d'un pouce ; les fleurs sont assez grandes, d'un bleu clair, les unes axillaires, les autres terminales.

Dès l'antiquité la plus reculée le lin est célèbre par l'usage multiplié qu'on en a toujours fait dans les arts et dans l'économie domestique. On retire de son écorce des fibres qui conservent le nom de la plante, et qui, préparées et filées, servent à faire des toiles, des batistes, des dentelles, en un mot, les tissus à la fois les plus fins et les plus solides. Après qu'ils ont rendu tous les services dont ils sont susceptibles, on ramasse leurs débris et l'industrie humaine les transforme en papier, objet tellement utile à la société, qu'on peut dire qu'il est de première nécessité. Aussi le lin est-il cultivé en grand, et il fait la richesse des contrées où il réussit bien.

Dans quelques endroits de l'Asie, le peuple mange les semences de lin mêlées avec le miel. En Hollande on en a fait usage dans des temps de disette; mais c'est un aliment fade et difficile à digérer.

Ces graines sont très-employées en médecine comme mucilagineux. On en fait prendre quelquefois la décoction; mais il faut qu'elle soit légère et convenablement édulcorée. On fait surtout usage de la farine de ces graines, et on en prépare des cataplasmes qui sont très-adoucissants, émollients et très-propres à faire disparaître l'inflammation. On fait encore avec ces graines une huile adoucissante qui pourrait servir pour la cuisine, mais dont on se sert plus particulièrement pour l'éclairage. Cette huile entre dans la composition de l'encre à imprimer et les peintres en composent plusieurs vernis.

Enfin la pâte qui reste sous le pressoir, après l'extraction de l'huile, sert à engraisser les bestiaux et la volaille.

FAMILLE DES ROSACÉES.

Pêcher.

Cette famille a pour caractères : ordinairement cinq sépales et cinq pétales, rarement quatre à dix ; de vingt à trente étamines au plus ; ovaires distincts et libres ou soudés en un seul plus ou moins adhérent au calice ; fruit très-variable : capsule, baie, fruit à pepin ou à noyau ; feuilles alternes, munies de stipules.

La famille des rosacées offre des groupes très-distincts les uns des autres. Quelques botanistes en ont fait des ordres, d'autres des familles séparées.

Cet arbre, qui s'élève à une médiocre hauteur, fait l'ornement des jardins et des vergers des pays tempérés. Aux premiers jours du printemps, il nous présente ses belles fleurs rose tendre, qui viennent avant les feuilles et commencent à donner à la campagne une parure vive et d'autant plus agréable, que nous ne faisons que d'échapper aux rigueurs de l'hiver. Les feuilles sont oblongues, lancéolées, dentées, glabres et d'un beau vert. Les fruits du pêcher, quelles que soient leurs variétés, que la culture a rendues nombreuses, sont remarquables par une saveur délicieuse, douce, parfumée et acidulée. C'est un aliment extrêmement agréable pendant l'été; il est nourrissant et sain; cependant les personnes qui mènent une vie sédentaire, et celles dont l'estomac est faible ne les digèrent pas très-bien.

Les feuilles et les fleurs ont un goût amer très-prononcé, qui se retrouve, mais plus faible, dans l'amande du noyau. Ce goût vient de l'acide prussique qui se trouve dans ces parties; cet acide est la cause de leur qualité purgative; prises à forte dose, elles occasionneraient la mort.

On fait avec les fleurs un sirop appelé de pêcher, qui est purgatif et vermifuge; on s'en sert fréquemment pour les enfants. Les feuilles du pêcher ont aussi cette propriété vermifuge; mais il faut les administrer avec précaution, parce que c'est un très-fort purgatif.

FAMILLE DES LÉGUMINEUSES.

Acacia.

L'*acacia* est de la famille des légumineuses qui ont : un calice à cinq, rarement à quatre divisions ; pétales de quatre à cinq , le supérieur plus grand nommé *étendard* , les deux latéraux , *ailes,* les deux inférieurs ordinairement soudés en un seul , *carène ;* dix étamines , tantôt monadelphes , ou soudées par les filets en un seul corps, tantôt diadelphes ou soudées en deux corps de neuf et un ; ovaire libre ; style et stigmate simples ; gousse ou légume à deux valves oblongues, à une, rarement à plusieurs loges, graines attachées à une seule suture , adhérentes alternativement à chaque valve ; feuilles alternes , rarement simples , munies de stipules.

Cette famille mérite de fixer notre attention d'une manière particulière, tant à cause de ce que presque toutes les plantes qui la composent sont indigènes d'Europe, qu'à cause de leur grande utilité comme fourrages et comme aliments. Il est essentiel de remarquer qu'on la divise en deux sections , les *papillonnacées*, que nous avons décrites, et les *lomentacées*, qui sont presque toutes exotiques ; elles diffèrent des papillonnacées en ce que leurs pétales sont égaux et disposés comme dans les rosacées. Quelques plantes de cette dernière section sont privées de corolle.

On compte plus de cent quinze espèces d'acacias, toutes exotiques en Europe , mais qui réussissent très-bien dans les climats chauds ; on en plante beaucoup pour l'agrément dans le midi de la France.

Nous nous occuperons ici de l'espèce qui fournit la gomme dite *arabique*. On distingue trois acacias sur lesquels on la recueille, l'acacia du Sénégal, le gommier et celui d'Egypte. Cet acacia s'élève à la hauteur de quinze à dix-huit pieds et a souvent un pied de diamètre. Les feuilles, doublement ailées, sont composées de pétioles partiels portant chacun neuf à quinze paires de folioles, ce qui forme un feuillage très-agréable à l'œil. A la base des feuilles on trouve des épines géminées, droites, blanches, et qui ont quelquefois plus d'un pouce de longueur.

Les fleurs sont d'un jaune d'or en forme de bouquet globuleux.

Les fruits sont des gousses aplaties, glabres, brunes ou roussâtres, renfermant six à huit graines ovales, dures, séparées les unes des autres par des étranglements si prononcés, qu'ils donnent à la gousse la forme d'un chapelet.

Le bois d'acacia, à cause de sa dureté, est très-bon pour la construction des vaisseaux. Ses superbes fleurs fournissent aux Chinois une belle couleur jaune dont ils teignent leurs étoffes; ses feuilles sont une bonne nourriture pour les bestiaux.

On tire des gousses, en les exprimant avant leur maturité, un suc que l'on soumet à l'action du feu, et qu'on expédie par petites masses rondes enveloppées dans des vessies. C'est un astringent dont on se sert en médecine.

Mais ce qui rend surtout cet arbre éminemment utile, c'est la gomme arabique qui en découle comme chez nous il découle de la gomme du cerisier et d'autres arbres. Tout le monde sait combien on fait usage de la gomme arabique comme adoucissant, soit en sirop, soit sous d'autres formes. Elle entre d'ailleurs dans la composition des diverses pâtes des pharmaciens pour leur donner plus de consistance. Cette substance douce et alimentaire fait partie de la nourriture des caravanes d'Arabie. Elle est aussi d'une application très-multipliée dans les arts.

FAMILLE DES CHÉNODOPÉES.

Betterave.

La *betterave* appartient à la famille des *arroches*, selon Jussieu, et, selon de Candolle, à celle des *chénodopées*, qui sont presque toutes des herbes rameuses, dont les racines sont fibreuses et allongées. Les plantes renfermées dans cette famille sont en général émollientes, d'une saveur douce, et servent à la nouriture des hommes et des bestiaux.

Cette plante a rendu à la France le service
important de remplacer la canne à sucre, et de
lui assurer aussi l'avantage de ne plus dépendre
de ses voisins, mais de tirer de son propre ter-
roir un produit qui, nous l'avons déjà remarqué, est devenu tellement un objet de première
nécessité, qu'on ne comprend guères comment
on pourrait s'en passer entièrement. Cette découverte est donc un véritable bienfait pour
notre patrie, puisque, dans l'ordre actuel du
monde, les passions et la méchanceté humaines
peuvent tout à coup occasionner des guerres
qui, rompant les rapports de commerce, ré-
duisent chaque peuple à se suffire à lui-même
et à n'avoir pour satisfaire ses besoins que les
productions de son propre pays. Mais lorsque
ces heureux temps où une paix universelle rè-
gnera sur la terre seront arrivés, temps pré-
dits par nos livres saints, et qui seront amenés
par la civilisation et avant tout par le vrai chris-
tianisme, alors des relations étendues, sûres et
douces uniront tous les peuples de la terre ; on
n'aura plus à craindre la désunion et la dis-
corde, et, étant assuré de pouvoir profiter des
productions des autres contrées, on laissera à
à chaque climat celles qui lui sont particulières,
sans avoir besoin de chercher à les remplacer.
A cet égard la canne à sucre, dans laquelle on
trouve le sucre tout formé à la consistance de

sirop, étant sans contredit le végétal le plus propre à fournir cette substance, il sera naturel de lui donner la préférence sur la betterave, car on ne retire de celle-ci le sucre qu'avec plus de peine, plus de dépenses et en moins grande quantité que de la canne, sans compter qu'on croit avoir observé dans la cristallisation un principe peu ou point sucré, qui fait qu'à poids égal le sucre de la betterave sucre moins que celui de canne.

La betterave est cultivée dans nos jardins, elle est donc extrêmement connue; ses fleurs sont hermaphrodites, le calice est à cinq parties, un peu adhérent avec l'ovaire; celui-ci devient une graine recouverte par le calice qui se durcit et prend l'apparence d'une capsule. On distingue trois variétés de betteraves : la blanche, la rouge et la jaune; elles tirent leurs noms de la couleur de leurs racines, couleur à laquelle participent les pétioles et les nervures des feuil-les. Ces trois espèces ou variétés se mangent en salade, cuites et coupées en tranches. Mais c'est comme fournissant du sucre que ce végétal est cultivé en grand. On peut en obtenir des trois espèces que nous avons citées, mais c'est la jaune qu'on préfère et qu'on cultive pour cet objet.

La betterave réussit aisément; il lui faut une terre fraîche, légère et meuble, et surtout beau-

coup d'engrais ; du reste tous les terrains conviennent à ce végétal.

Il vaut mieux arracher les betteraves un peu
avant leur maturité, elles contiennent alors
plus de sucre ; il convient d'ailleurs de ne les
arracher que lorsqu'on veut les employer : elles
se conservent mieux dans la terre que dans les
silos ou trous que l'on pratique le long des
champs de betteraves et où on les enterre pour
les garder jusqu'au moment de les livrer à la
fabrication.

Après avoir arraché les betteraves, on en coupe
tou'es les feuilles qui sont une excellente nourriture pour les bestiaux. Les racines sont portées
à la fabrique où la première opération qu'on
leur fait subir est le *nettoyage*, pour les délivrer
de la terre et des cailloux qui y sont adhérents.
La manière la plus simple est de les racler avec
un couteau ; cette manière étant coûteuse et fort
longue lorsqu'on fabrique en grand, on se sert
de machines construites pour cet usage. Lorsque
les betteraves ont été nettoyées par l'un ou l'autre de ces procédés, il importe de trancher avec
un couteau le collet de la racine où sont insérés
les pétioles, et d'enlever même un morceau de
la racine. Cette partie contenant du sel aussi bien
que les pétioles qui y sont insérés donnerait un
dépôt salé ; c'est ce qui est arrivé quelquefois,
soit faute d'avoir pris cette précaution, soit parce

que, les betteraves n'étant pas de bonne qualité, ce suc salé se trouvait répandu en plus grande abondance.

Ensuite les betteraves sont portées à la *râpe*, ustensile et machine servant à déchirer le tissu cellulaire qui renferme le jus. De la râpe elles passent à la *presse*, qui exprime cette pulpe et en fait sortir le jus, qui est ensuite mis dans des chaudières, et après plusieurs opérations de *clarification* ou *défécation*, de *filtration*, d'*évaporation*, de *cristallisation*, d'*égouttage* et de *raffinage*, l'on obtient enfin un sucre aussi beau que celui fourni par la canne, et qui dans la vente au consommateur passe toujours pour du sucre de canne.

Nous ne dirons rien de la grande utilité du sucre et des diverses applications qu'on en fait, ayant déjà donné tous ces détails à l'article *canne à sucre*.

FAMILLE DES EUPHORBIACÉES.

Ricin.

Nous voici arrivés à la classe des *diclines*, qui est la XVe. Dans cette classe, les étamines et les pistils sont sur des fleurs séparées, tantôt portées par la même plante, alors dite *monoïque*, tantôt par des plantes séparées, ou *dioïques*. Lo *ricin* appartient à cette classe et à la famille des euphorbiacées. Cette famille a pour caractères : fleurs monoïques ou dioïques ; un périgone de trois à quatre parties, rarement nul, souvent muni d'écailles , les fleurs mâles ou à étamines en ont de quatre jusqu'à vingt ; les fleurs femelles ou à pistils ont un ovaire libre , de deux à trois styles simples ou bifurqués ; le fruit est une capsule qui a deux ou trois coques et renferme une ou deux graines. Cette famille est remarquable par le suc propre , âcre et laiteux que contiennent presque toutes les plantes qui le composent.

Dans l'Orient et sur les côtes de Barbarie , le ricin est un arbre d'une grosseur médiocre, qui s'élève à la hauteur de dix-huit ou vingt pieds. Dans nos jardins où on le cultive, ce n'est qu'une très-belle plante annuelle ; et, par une singularité remarquable , dans notre climat moins chaud il fleurit la première année, tandis que dans son pays natal il ne porte des fleurs que lorsqu'il est devenu un arbre.

Les feuilles du ricin sont palmées, digitées en sept ou neuf folioles, lisses des deux côtés et dentées en scie.

Les fleurs sont disposées en un bel épi rameux, composé de plusieurs panicules partielles, munies de bractées, petites et membraneuses.

Le fruit est d'un vert glauque, à trois coques

soudées ensemble, garnies extérieurement de pointes molles ; les semences, ombiliquées à leur sommet, souvent marquées de taches irréguliè- res, ressemblent à un haricot plat d'un côté et convexe de l'autre.

Les qualités vénéneuses et médicales des graines de ricin étaient connues des anciens qui en faisaient usage. L'odeur de ces graines est nulle, leur saveur oléagineuse et nauséabonde ; elles provoquent chez les animaux et chez les hommes des vomissements, une violente pur- gation, une chaleur brûlante dans l'intérieur, et donnent la mort ; des observateurs dignes de foi ont vu ces tristes effets produits par deux, trois et même rien qu'une de ces graines. On obtient cependant de ces graines une huile, fort em- ployée en médecine, que l'on estime être le pur- gatif le plus doux qu'on puisse employer et que l'on conseille pour les enfants de naissance ; on le regarde aussi à juste titre comme le meilleur des vermifuges, en particulier contre le ténia ou ver solitaire.

Il y a lieu ici de se demander comment des graines qui produisent de si terribles effets peuvent donner un remède si doux. Le voici : toutes les qualités vénéneuses des graines du ricin résident dans l'embryon, de sorte que les propriétés de l'huile sont très-différentes suivant la manière dont on l'extrait. Ainsi, lorsqu'on obtient l'huile de ricin par l'immersion dans l'eau chaude ou bien par une légère pression, l'embryon, qui est un corps plus dur, reste intact, et l'huile n'a que des qualités adoucissantes, émollientes et doucement purgatives ; mais si au contraire on presse trop fortement, l'embryon donne son suc mortel, et le remède peut devenir un poison. On voit combien il est nécessaire que l'huile de ricin soit convenablement préparée. En l'administrant on peut, pour la rendre agréable au goût, la mêler au suc de citron, ou bien, avec un jaune d'œuf et de la gomme arabique, en faire une émulsion qu'on édulcore et aromatise.

Les feuilles ne sont ni âcres, ni vénéneuses, comme quelques auteurs l'ont dit ; on s'en sert au contraire pour faire des cataplasmes émollients.

Dans certaines contrées, l'huile de ricin est employée pour éclairer. Les habitants de Java et de Malacca en font un vernis dont ils enduisent les vaisseaux.

Chez nous on a donné à cette plante, à cause de ses feuilles palmées, le nom vulgaire de *palma christi.*

Arbre à suif.

L'*arbre à suif* est de l'espèce des *crotons*, genre de plantes presque toutes étrangères. Elles sont monoïques, les fleurs sont disposées en grappes ou en panicules ; le fruit est une capsule oblongue, à trois loges, contenant chacune une semence arrondie. Parmi les crotons, on trouve des plantes herbacées, des arbrisseaux et des arbres.

L'arbre à suif croît naturellement en Chine, où il est aussi cultivé. Il s'élève à la hauteur de nos cerisiers et ressemble un peu à nos poiriers. Ses feuilles tombent en hiver, et deviennent, avant leur chute, d'un rouge vif. Les fruits sont des capsules glabres, dures, ovales, brunes, pointues, à trois côtés arrondis, divisées intérieurement en trois loges bivalves ; chaque loge contient une graine presque hémisphérique d'un côté, aplatie de l'autre avec un sillon, et couverte d'une espèce de suif un peu ferme et très-blanc. Après que les valves de la capsule sont tombées, ces graines res'ent découvertes et attachées à la partie intérieure ; elles ressemblent à des grappes blanches qui, vues d'un peu loin, forment un très-joli effet au milieu des feuilles, qui sont alors d'un rouge très-vif.

Ce suif qui, avons-nous dit, entoure les graines, fournit la matière des chandelles. Pour l'obtenir, on broie ensemble les coques et les graines qu'on fait bouillir dans une chaudière, on écume le dessus, et cette graisse végétale ainsi retirée se condense en se refroidissant, et est ensuite employée à faire des chandelles. On y mêle quelquefois un peu d'huile de lin ou de cire pour lui donner plus de consistance. Quelquefois aussi, lorsque les chandelles sont faites, on les trempe dans la cire produite par le *cirier;* cette cire forme une couche plus dure qui empêche ces chandelles de couler. Elles sont d'une extrême blancheur; on en fait aussi de rouges en y mêlant du vermillon.

L'arbre à suif réussit très-bien dans l'Ile–de–France. Si l'on pouvait le naturaliser dans nos climats, il serait d'une très-grande utilité et un excellent supplément à la graisse animale.

FAMILLE DES CUCURBITACÉES.

Citrouille.

La famille des *cucurbitacées* offre des fleurs monoïques ou dioïques, un calice resserré au-dessous de l'ovaire avec lequel il est adhérent. Ce calice s'étale ensuite à cinq lobes, cinq pétales libres ou demi–soudés, persistants; les fleurs à étamines en ont cinq; les fleurs à pistil ont un style terminé par trois stigmates épais; le fruit est charnu à une ou à plusieurs loges, à plusieurs graines cartilagineuses; les tiges sont rampantes ou grimpantes; les feuilles alternes munies de vrilles axillaires.

On est frappé d'étonnement à l'aspect d'une plante herbacée, faible et rampante, qui porte un fruit d'une grosseur et d'un poids énorme : telles sont les citrouilles et la plante qui les produit, et non-seulement les citrouilles, mais les potirons, les pastèques et plusieurs autres espèces. Ces espèces sont même si nombreuses, qu'il serait impossible de les énumérer; elles ont entre elles beaucoup de ressemblance, surtout pour les qualités de leurs fruits.

Les feuilles de la citrouille sont fort grandes, pétiolées, arrondies, un peu en cœur, presque pubescentes, douces au toucher.

Les fleurs sont axillaires, jaune pâle; les fleurs à pistil ou femelles sont portées sur de très-courts pédoncules; les fleurs à étamines ou mâles en ont de beaucoup plus longs; elles croissent sur la même plante.

Le fruit est ovale ou un peu arrondi, non comprimé aux extrémités comme celui du potiron; son écorce est presque ligneuse, jaune, panachée de vert, mais très-variable.

On ne fait pas un grand usage de la citrouille

comme médicament ; sa pulpe est quelquefois employée à faire des cataplasmes pour calmer la tension et l'irritation locales. Elle est très-bonne intérieurement contre la dyssenterie. Ses semences sont au nombre des quatre semences froides majeures, et elles servent à faire des émulsions.

Comme aliment, la citrouille est d'un grand usage ; on l'apprête de différentes manières, et elle fournit des mets délicats et rafraîchissants qui conviennent surtout aux tempéraments sanguins et bilieux ; on en fait aussi d'excellentes soupes.

C'est dans la famille des cucurbitacées qu'on trouve encore les melons qui fournissent un aliment si agréable dans les pays chauds. Le melon blanc est surtout recherché à cause de son excellent goût et de sa qualité fondante qui le rend de facile digestion.

Le melon jaune est d'une moins facile digestion et même il est un peu fiévreux; aussi, tandis que les melons blancs sont donnés sans crainte aux malades, on leur interdit les jaunes.

FAMILLE DES URTICÉES.

Arbre à pain.

La famille des urticées est divisée en deux sections, qui peut-être même finiront par former deux familles distinctes. La première section est nommée par M. de Candolle les *artocarpées*, du nom de l'arbre à pain *artocarpus :* les fleurs sont placées sur un réceptacle commun, presque fermé comme dans le figuier ; ce réceptacle renferme une quantité de petites fleurs pédicillées, les unes à étamines, les autres à pistils. Comme ce réceptacle est une véritable figue, on croit communément que le figuier ne porte que des fruits et pas de fleurs.

La seconde section, qui renferme les véritables urticées, a pour caractères : des fleurs petites, vertes, monoïques ou dioïques, périgone persistant, de trois à cinq parties ou lobes. Les fleurs à étamines les ont en nombre indéterminé, insérées à la base du périgone. Les fleurs à pistils ont un ovaire libre, un ou deux styles bifurqués, un fruit variable à une graine.

Il y a plusieurs espèces d'arbres à pain dont nous parlerons plus bas. On a donné à ces arbres le nom général d'*artocarpes*, tiré du genre auquel ils appartiennent. Ils sont d'une grosseur médiocre, à cime arrondie , à feuilles alternes; le bout des rameaux est orné d'un bouquet de cinq ou six feuilles enveloppées d'une espèce de spathe : c'est de là que sortent les fleurs dont les unes sont mâles, les autres femelles.

Le fruit est une baie ovale, couverte d'aspérités plus ou moins prononcées ; la peau est épaisse, de couleur verte et jaune ; la pulpe est d'abord très-blanche , ensuite jaunâtre et quelquefois bonne à manger.

L'écorce des artocarpes fournit un fil avec lequel on peut faire une toile assez fine ; le tronc fournit un suc laiteux ou résine élastique. Les indigènes emploient le bois de ces arbres pour construire des maisons et des pirogues légères.

On distingue cinq espèces d'arbres à pain ou artocarpes ; ils croissent dans les pays chauds, en particulier dans les îles Philippines, à Java, etc. On les cultive maintenant à Cayenne et aux Antilles.

1° Le véritable arbre à pain que les habitants des îles appellent *rima*. Les fruits sont de la grosseur d'un melon ; on en tire, après une légère cuisson au four, une fécule blanche dont on fait de très-bon pain. Simplement coupé à tranches et séché, il peut être mangé comme pain. Il se conserve deux ans sans altération.

Ce fruit a été nommé *fruit à pain* par les gens de l'équipage de l'amiral Anson. Cet amiral faisait un voyage autour du monde pour explorer des pays inconnus ; tous ses gens étaient atteints du scorbut ; il aborda dans ce triste état à l'île de Tinian, et trouva là le repos, la santé et des aliments tout préparés par les soins de la bonne Providence : le rima leur servit de nourriture, et on ne distribua point de pain à l'équipage pendant tout le temps de son séjour dans l'île de Tinian.

On mange le fruit à pain lorsqu'il est parvenu à sa grosseur ; il a alors le goût de cul d'artichaut cuit. Lorsqu'il est tout à fait mûr, il a un peu le goût de la pêche, mais on dit qu'alors il est malsain.

2° *L'artocarpe à châtaignes.* Dans l'intérieur du fruit de cet arbre on trouve de soixante-dix à quatre-vingts amandes recouvertes chacune de plusieurs membranes. Ces amandes sont à peu près de la grosseur de nos châtaignes et d'un goût analogue; on les fait cuire de même, et elles donnent une nourriture agréable et de facile digestion.

3° *L'artocarpe jaquier.* Son aspect est différent de celui des espèces dont nous venons de parler ; il est plus petit, ses branches sont étalées, les fruits sont attachés au tronc ou aux grosses branches ; ils naissent ordinairement de trois en trois ; il en avorte deux, ce qui donne à celui qui reste la faculté d'acquérir un plus grand développement. Ces fruits deviennent si gros qu'un seul suffit, dit-on, pour la charge d'un homme. Les amandes qui se trouvent dedans se mangent comme celles de l'artocarpe à châtaignes, mais elles sont d'une qualité inférieure.

4° L'*artocarpe bedo*. Son fruit est moins gros que celui des espèces précédentes ; les semences nagent dans une liqueur blanchâtre d'un goût vineux très-délicat. Le bedo a besoin d'une terre fraîche et humide ; il périrait dans les terrains légers et sablonneux, qui conviennent beaucoup, au contraire, aux autres espèces d'artocarpes.

5° Il y a enfin l'*artocarpe velu* de Madagascar ; c'est un arbre qui vit fort longtemps.

A la vue de tant d'arbres qui fournissent du pain à l'homme et avec une telle abondance, qui n'admirerait encore les œuvres de cette Providence qui pourvoit, par des moyens si variés et avec une si grande libéralité, aux besoins de ses créatures? Mais sachons, d'un autre côté, que Dieu n'a pas été moins attentif aux besoins spirituels de nos âmes immortelles, et puissions-nous connaître par expérience ce *Pain descendu du ciel, qui donne la vie au monde* (1) !

(1) Jean, **VI**, 33.

Mûrier.

Le *mûrier* est un de ces végétaux remarquables dont l'introduction dans un pays est un événement important, par la nouvelle branche de commerce qu'il y ouvre, et qui devient une source de richesses, ainsi qu'on a pu le voir dans les contrées méridionales de l'Europe, en particulier dans le midi de la France, où la soie est devenue l'objet d'un commerce très-considérable, et où la culture du mûrier qui nourrit le ver à soie est regardée comme une des plus avantageuses, et se fait avec le plus grand soin.

Les fleurs du mûrier sont monoïques, disposées en chatons; les fleurs à étamines en ont quatre alternes par rapport aux quatre lobes concaves des périgones ; les fleurs à pistils ont un ovaire libre surmonté de deux stigmates allongés et hérissés. Le fruit est une capsule ou baie molle à une ou deux graines recouvertes par le péricarpe qui devient pulpeux ; la réunion de plusieurs petites baies sur un réceptacle ou sur un axe commun forme ce qu'on appelle la mûre.

Le mûrier a été introduit en France sous Charles IX. Il aime la chaleur ; cependant on a éprouvé qu'il pouvait réussir dans des pays assez froids, tels que les provinces qui approchent du nord de la France, l'Allemagne, etc.; mais, dans ces pays-là, on ne pourrait que difficilement, bien qu'on eût de la feuille, élever des vers à soie, parce qu'il faut à ces insectes une température chaude.

Le mûrier peut venir dans toutes sortes de terres, mais il ne fournit pas dans toutes des feuilles d'une aussi bonne qualité : une terre bonne et légère est celle qui lui convient le mieux. On sème les mûres, et quand les plantes sont sorties, on les éclaircit en ayant soin de ne laisser que les plus vigoureuses. Quand leurs tiges ont atteint, au plus, la grosseur du petit doigt, on les transplante dans la pépinière où on les greffe lorsqu'elles ont pris l'accroissement convenable. Les mûriers sauvages ont une feuille de bonne qualité, mais en petite quantité.

L'écorce du mûrier préparée comme le chanvre donne une filasse dont on fait des cordes; on en fait même du papier. Le bois de mûrier est assez estimé; on se sert des planches fournies par le tronc pour faire des futailles qu'on emploie volontiers pour le vin blanc auquel elles donnent, dit-on, un goût particulier et agréable.

On distingue une grande variété d'espèces de mûriers, mais le noir et le blanc sont les plus connus.

Le noir est cultivé dans les basses-cours pour donner de l'ombre et pour son fruit qui est noir et dont le goût acide-sucré est assez agréable. On en fait un sirop fort recommandé dans les maux de gorge et les inflammations de la bouche; on en obtient aussi, par la fermentation, une liqueur vineuse, de l'eau-de-vie et du vinaigre.

Le plus riche avantage du mûrier est de fournir la nourriture au ver à soie, ce précieux insecte dont nous retirons un si grand profit. Pour cet usage on préfère le mûrier blanc ainsi nommé à cause de la couleur de son fruit. Dans certains pays, dans les années où la feuille de mûrier manquait, on a cherché à y suppléer par d'autres plantes; on en a trouvé quelques-unes que les vers mangeaient, mais ensuite ils donnaient une soie d'une qualité si inférieure, qu'il a bien fallu y renoncer et revenir au mûrier. Lorsqu'on cueille la feuille pour les vers à soie, on l'enlève de bas en haut, ayant soin de ne pas endommager les yeux qui doivent fournir des bourgeons et des feuilles l'année suivante. On met la feuille dans des sacs et on va l'étendre dans des appartements aérés, d'où on la prend pour la donner aux vers à soie. S'il avait plu, il faudrait la faire sécher; sans quoi elle pourrait être nuisible aux vers qui la mangeraient.

15.

Après qu'on a cueilli la feuille, les mûriers doivent être taillés avec soin; c'est une partie essentielle de leur culture. Dans les pays où on ne le fait pas comme il faut, l'arbre offre un aspect désagréable et prend la forme d'un gros buisson; la feuille est moins abondante, et elle est très-difficile à ramasser.

Lorsque la feuille de mûrier commence à sortir du bourgeon, ce qui a lieu ordinairement au commencement d'avril, au plus tard, selon les années, on met à éclore les vers à soie. On leur donne d'abord cette feuille coupée à morceaux ; mais, à mesure que les insectes grossissent, on leur donne la feuille telle qu'elle vient de l'arbre. Les vers à soie font ensuite des cocons d'où l'on retire, par le filage à l'eau chaude, la soie, cette matière si précieuse dont on fait des étoffes à la fois fortes et légères, d'un porter agréable et susceptibles de prendre des couleurs et un aspect si brillants, qu'aucune autre étoffe ne peut approcher de leur éclat. Les parties plus grossières du cocon donnent une soie qui flatte moins la vue, mais qui rachète ce désavantage par sa force et sa solidité. On s'en sert pour faire des étoffes moins belles, mais d'un excellent usage. On en fait aussi des bas, des gants, des bonnets, etc. Tous ces objets alimentent le commerce et font que la culture du mûrier est très-productive et très-recherchée; aussi s'y adonne-t-on beaucoup dans tous les endroits où elle peut réussir.

Après avoir été cueillie pour les vers à soie, la feuille du mûrier repousse, et on en fait en automne une seconde récolte ; celle-ci sert principalement à la nourriture des bestiaux qu'elle engraisse beaucoup.

On cultive en France depuis quelques années le mûrier de Chine, qui croît avec rapidité et ne craint pas les terrains secs, ce qui le rend fort utile pour donner de l'ombre dans les provinces du Midi où l'on en est souvent privé. Les feuilles sont grandes, d'un vert foncé, rudes au toucher. Il est dioïque ; l'arbre femelle donne un beau fruit rouge plus gros qu'une noix. Ce fruit est très-délicat et s'écrase aisément ; il est d'un goût sucré, mais un peu fade.

On peut faire de très-beaux papiers avec l'écorce de ce mûrier ; on l'emploie en Chine à cet usage.

Chanvre.

Le *chanvre* est renfermé dans la deuxième section de la famille des urticées, section qui comprend les véritables urticées. Cette plante, si éminemment utile, est originaire des Indes-Orientales, mais elle croît dans presque tous les climats ; seulement elle devient moins grande et moins belle dans ceux qui ne lui conviennent pas ; ainsi le chanvre s'élève à peine à la hauteur de trois pieds en Lithuanie, tandis que, dans les plaines fertiles du Piémont, il parvient jusqu'à quinze ou vingt pieds.

Les feuilles sont opposées, pétiolées, digitées, les inférieures plus courtes.

Les fleurs sont dioïques ; elles sont vertes et naissent en petites grappes aux aisselles des feuilles.

Le fruit est une capsule crustacée, brune ou grise, lisse, composée de deux valves qui restent unies et renferment une graine blanche et huileuse.

Lorsqu'on récolte le chanvre, il faut y apporter des soins, toute rupture lui étant pernicieuse. On arrache les plantes les unes après les autres, on en fait de petites bottes qu'on lie et dont on coupe les racines et fait tomber les feuilles. On cueille le chanvre qui porte les graines quinze jours plus tard que l'autre. On met ensuite le chanvre à rouir, soit dans une eau courante, soit dans de grands fossés creusés exprès et appelés *rouissoirs*. Il est roui au point convenable lorsque la filasse se sépare aisément de la tige vulgairement nommée *chenevotte*. On le lave pour ôter la matière glutineuse et la vase qui y sont attachées, ensuite on le fait sécher.

On détache la filasse des tiges, soit en les prenant une à une, soit en les brisant avec un instrument nommé *maque*. Cette filasse est ensuite livrée au peigneur; celui-ci la passe à une espèce de peigne en fer nommé *séran*, qui la divise à l'infini et la met en état d'être filée. Les parties les plus grossières servent à faire des câbles, des cordes, des ficelles, de grosses toiles; les plus fines, des tissus qui rivalisent presque avec ceux du lin pour la finesse, et qui l'emportent pour la solidité. Enfin, après avoir servi de voile à nos vaisseaux, nous avoir fourni du linge pour notre usage, lorsqu'il ne paraît plus bon à rien, il reparaît sous une nouvelle forme, et nous fournit le papier qui a remplacé avec tant de supériorité le papyrus et les tablettes de cire des anciens.

La graine de chanvre est fort aimée des oiseaux. Les Russes et les Polonais la mangent frite avec des aromates, et ce mets paraît sur les meilleures tables; les paysans se contentent de la piler, d'y mettre du sel et de l'étendre sur leur pain.

On fait aussi avec cette graine une huile bonne à brûler; on s'en sert pour la préparation du cérat et de quelques onguents; mais, loin d'être comptée parmi les plantes utiles en médecine, on ne peut disconvenir que celle-ci n'ait des propriétés délétères : il suffit de se promener dans une chenevière pour sentir une odeur vireuse qui ne tarde pas à incommoder. L'eau dans laquelle on met rouir le chanvre prend une odeur infecte, et ses émanations occasionnent des maladies. Enfin, nuisible à ceux qui le cultivent, le chanvre l'est encore davantage à ceux qui le préparent : ils sont sujets à une toux continuelle, à l'asthme et aux maladies de poitrine.

FAMILLE DES AMENTACÉES.

Hêtre.

La famille des amentacées se reconnaît à des fleurs monoïques, dioïques ou rarement hermaphrodites ; les fleurs mâles en chatons, munies d'une écaille ou d'un périgone portant les étamines ; les fleurs femelles ou à pistils, solitaires, en faisceau et en chatons, munies d'une écaille ou d'un périgone ; un ovaire simple ou multiple ; fruit osseux ou membraneux. Ce sont des arbres ou des abrisseaux à feuilles alternes qui tombent tous les hivers et ne se renouvellent ordinairement qu'après la floraison ; leur écorce est rugueuse et remarquable par la quantité de tanin ou principe astringent qu'elle renferme.

Le hêtre est un des plus beaux arbres des forêts des climats tempérés de l'Europe; il s'élève à la hauteur de quatre-vingts pieds. Son port est majestueux, son feuillage élégant. Cet arbre se plaît sur les montagnes.

Le tronc du hêtre est droit, très-rameux, son écorce unie et de couleur cendrée. Les feuilles sont alternes, pétiolées, glabres, d'un vert gai, luisantes à leurs deux faces, velues sur leurs bords et accompagnées de stipules linéaires. Les fleurs sont monoïques : celles à étamines sont réunies en chatons pédonculés, pendants, globuleux; elles renferment de cinq à six étamines dans un calice à divisions aiguës. Les fleurs à pistils sont solitaires, soutenues par un pédoncule un peu court; leur calice est épais, à quatre découpures; il se convertit en une enveloppe capsulaire coriace, ovale, un peu aiguë, hérissée de pointes molles s'ouvrant en quatre valves, renfermant une ou deux semences oblongues, triangulaires, d'un brun rougeâtre. Si on les dépouille de cet épiderme brun et coriace, on trouve une substance blanche, consistante et d'un goût analogue à celui des noisettes. Ce fruit est désigné sous le nom vulgaire de *faîne*. Les oiseaux l'aiment beaucoup. Dans certaines contrées on s'en sert pour engraisser les porcs. Mangées en trop grande quantité, les faînes produisent l'ivresse; elles donnent une huile douce qui pourrait être employée aux mêmes usages que les autres huiles grasses ; elle a même un avantage, c'est que, loin de rancir en vieillissant, elle s'améliore ; elle ne se coagule pas en hiver.

L'écorce du hêtre contient un principe astringent ; elle est employée comme fébrifuge, mais n'est pas un remède très-actif.

Le hêtre est en Europe, après le chêne, l'arbre le plus utile à l'agriculture, à l'économie domestique et aux arts ; son bois est excellent pour le chauffage et fournit d'excellent charbon. Il est employé pour les ponts, les bordages, les rames des vaisseaux. Les charrons en font des brancards et des roues ; les ébénistes des boiseries et différents meubles. On s'en sert aussi pour les armes et pour divers instruments de musique.

Son bois est sujet à être attaqué par les vers ; on peut remédier à cet inconvénient en l'exposant à la fumée jusqu'à ce qu'il commence à roussir à la surface.

Cirier ou *Arbre à cire.*

Le *cirier* est un arbre qui atteint, mais rarement, la hauteur de six pieds ; son écorce est grisâtre ; ses feuilles lancéolées sont dentées dans la partie supérieure et entières dans la par-

tie inférieure; elles ne tombent point en hiver.
Les fleurs sont dioïques : les mâles sont disposées en chatons, une écaille pour chaque fleur,
point de corolles, quatre étamines. Les fleurs
femelles sont aussi en chatons; l'ovaire a deux
styles et devient une petite baie à une semence.
Ces baies, de la grosseur d'un pois, forment de
petites grappes sessiles et latérales ; elles sont
couvertes d'une poudre blanchâtre un peu
onctueuse.

Cet arbrisseau est originaire de l'Amérique ;
cependant à présent on le cultive dans quelques
jardins de l'Europe. Il est extrêmement utile
par cette espèce de cire végétale que fournissent
ses baies et autour desquelles elle est attachée
comme une pellicule grisâtre. Pour obtenir
cette cire, les naturels mettent ces graines dans
un sac qu'ils placent dans une chaudière d'eau
bouillante; la chaleur fait fondre la cire qui
vient à la surface de l'eau et qu'on enlève pour
les usages auxquels on la destine.

Cette cire a une couleur jaune et quelquefois
verte : on pense que cette dernière couleur lui
vient lorsque, par une trop forte ébullition , on
a fait détacher quelques parties des semences.
Il ne faut pas confondre cette cire végétale verte
avec une autre cire verte préparée , et dont
l'emploi est fort dangereux à cause du vert-de-
gris qui entre dans sa composition.

On se sert à Charlestown, et dans d'autres contrées de l'Amérique, de la cire fournie par le cirier pour faire des bougies ; elles exhalent, comme toutes les parties du cirier, une odeur aromatique qui est agréable ; mais on dit qu'elles ont le désagrément, à cause de leur couleur jaune ou verte, de donner une lumière triste. A présent qu'on a trouvé des moyens pour blanchir parfaitement la cire, il serait facile de remédier à cet inconvénient.

On pourrait, pense-t-on, se servir de cette cire pour les parquets, pour les onguents, enfin pour toutes les préparations pour lesquelles on emploie la cire des abeilles ; car on trouve entre ces deux substances une grande analogie. Il serait donc avantageux de pouvoir naturaliser cet arbuste en Europe. Il paraît se plaire au bord des eaux et dans les terrains marécageux.

Ici nous voulons faire une réflexion.

Tandis que la matière de la cire contenue dans les anthères des fleurs nous échappe, et que nous ne pourrions jamais fabriquer des instruments assez délicats, ni trouver des procédés pour nous la procurer ; tandis qu'il a fallu que l'intelligence souveraine créât de petits insectes pourvus des organes nécessaires pour la recueillir et nous la donner, voici un arbuste sur lequel nous trouvons la cire toute préparée, et d'où nous pouvons la retirer nous-mêmes par

un procédé fort simple, tant est grande la bonté
de Dieu envers l'homme ! tant aussi, dans sa
puissance et sa sagesse infinies, il sait trouver
des moyens divers pour arriver au même but !

FAMILLE DES CONIFÈRES.

Genévrier.

Le *genévrier* est de la famille des *conifères*
dont les caractères sont : des fleurs monoïques
ou dioïques; les fleurs à étamines sont en chatons,
formées d'une écaille portant ou protégeant les
étamines; les fleurs à pistils, solitaires ou en tête,
le plus souvent en cône formé d'écailles imbriquées, contenant chacune un ou plusieurs
ovaires surmontés d'un stigmate simple et devenant autant de capsules osseuses ou coriaces,
recouvertes par les écailles accrues et endurcies.
Ce sont des arbrisseaux résineux à feuilles toujours vertes.

Le genévrier se plaît dans les terrains secs et
pierreux, sur les collines et les revers des montagnes. C'est ordinairement un arbrisseau ; cependant, dans les pays chauds, il devient un arbre
de quinze à vingt pieds de haut. Ses tiges sont
tortues, difformes ; ses rameaux nombreux et
irréguliers ; son bois est dur, un peu rougeâtre,
d'une odeur agréable quand il est sec.

Les feuilles sont sessiles, étroites, dures, très-aiguës, piquantes, souvent un peu glauques à leur base ; elles durent toute l'année.

Les fleurs sont dioïques, rarement monoïques; elles sont réunies en chatons courts, axillaires, presque sessiles. Celles à étamines produisent de petites baies sphériques de deux ou trois lignes de diamètre, d'abord vertes et qui deviennent noirâtres en mûrissant.

Presque toutes les parties de cet arbre, le bois, les feuilles et surtout les baies exhalent une odeur aromatique ; on les emploie avec succès dans tous les cas où les toniques conviennent, et c'est surtout des baies que l'on se sert. On tire du bois un extrait aqueux ou résineux; on en tire encore, ainsi que de la baie, une huile essentielle qu'on emploie en gargarisme contre le scorbut et le gonflement des gencives.

Dans quelques pays, les baies de genévrier sont employées comme assaisonnement. Pilées et macérées dans l'eau, elles donnent une liqueur très-agréable connue sous le nom de gene-vrette, qui sert de boisson aux paysans dans quelques provinces de la France. Infusées dans l'eau-de-vie, ces baies donnent un très-bon ra-tafia. Les confiseurs en préparent des dragées et différentes liqueurs.

Dans les pays chauds on fait, le long des troncs de genévrier, des incisions desquelles il découle un suc qui donne une résine sèche, inflammable, d'un jaune pâle, connue dans le commerce sous le nom de *sandaraque*. Dissoute dans l'esprit-de-vin, cette résine donne un beau vernis blanc dont on fait un grand usage dans les arts. Réduite en poudre, on s'en sert dans les bureaux pour donner plus de consistance au papier, et empêcher l'encre de s'étendre aux endroits où on a été gratté.

Le bois du genévrier est presque incorruptible, et il sert aux ébénistes à faire de jolis ouvrages. On prépare des cordes avec son écorce; on brûle son bois pour purifier l'air, mais il ne fait que masquer les mauvaises odeurs sans les détruire.

On voit que cet arbrisseau, qui a une forme rude et sauvage qui attire peu, est cependant fort utile tant pour ses qualités médicales que pour ses usages domestiques.

CONCLUSION.

Si nous voulions citer toutes les plantes utiles ou curieuses, nous serions obligés de donner une nomenclature qui les embrassât toutes, car il n'y en a pas une seule dans laquelle il n'y ait à admirer, ou qui ne puisse servir à notre usage ; mais alors nous irions bien au delà des bornes que nous nous sommes prescrites. Notre seul but a été de donner, par ces leçons, une idée générale de la botanique, et d'inspirer le goût de cette aimable science ; or ce que nous avons dit est suffisant pour qu'avec le secours d'une table analytique on puisse déterminer soi-même les fleurs que l'on rencontre. Il faut surtout étudier dans la nature, cueillir des fleurs, les examiner, les comparer ; c'est ainsi seulement que l'on apprendra à connaître et à admirer les œuvres de Dieu. Nous aurions beau lire dans les livres les descriptions les mieux faites, nous n'éprouverons jamais les sentiments qu'excite en nous la vue même des fleurs et de leur admirable structure : là nous découvrirons, comme à l'œil, la puissance, la sagesse et la bonté de Dieu ; et, en présence d'un si beau spectacle, nous ne pourrons que nous écrier avec le psalmiste : *O Eternel ! que tes œuvres sont en grand nombre ! tu les as toutes faites avec sagesse ; la terre est pleine de tes richesses* (1). Si nous savons étudier ainsi les plantes dans un sentiment de reconnaissance pour l'Auteur de la nature, nous préparerons une source de douces jouissances qui embelliront nos heures de bon-

----

(1) Ps. CIV, ℣. 24.

heur, et qui pourront aussi adoucir celles de la souffrance.

Par l'étude des sciences naturelles nous pouvons donc découvrir une grande partie des perfections divines ; mais, si nous nous bornons au livre de la nature, les plus importantes, les plus adorables de ces perfections resteront encore cachées à nos regards. En effet, quoique les œuvres de Dieu proclament hautement la sagesse et la bonté de leur Auteur, que de choses encore que les plus habiles philosophes ne peuvent expliquer ! Comment en particulier concilier tant de fléaux destructeurs, tant d'êtres nuisibles et dangereux, tant de bouleversements, tant de désastres dont la nature est le théâtre, et dont les hommes sont si souvent les victimes, avec la pensée d'un Dieu à la fois tout-puissant et tout bon ? Ces difficultés ne peuvent manquer de se présenter à l'esprit, et une amère tristesse ou des doutes outrageants seront le résultat de ces demandes auxquelles nous ne pouvons trouver une solution. C'est ainsi qu'un philosophe moderne, à l'occasion d'un terrible désastre qui avait ravagé une capitale de l'Europe, refusait à Dieu la bonté, puisqu'étant tout-puissant il permettait néanmoins de pareils malheurs ; et qu'un autre, ne pouvant se résoudre à ôter à Dieu la bonté, disait que si *Dieu n'avait pas mieux fait, c'est qu'il n'avait pu mieux faire*, et il ravissait ainsi à Dieu sa toute-puissance.

Il est sans doute bien affligeant d'entendre porter de tels jugements sur la Divinité ; mais on ne devra pas en être étonné si l'on réfléchit qu'ils proviennent d'hommes qui n'ont connu Dieu que dans la nature, et qui par conséquent n'ont pu trouver le mot des tristes énigmes qu'elle présente sous certains rapports.

Mais ce qui est impossible à la nature, la révélation le fait parfaitement ; c'est elle qui nous manifeste Dieu dans toute la plénitude de ses perfections, sa toute science, sa sainteté, sa justice, sa miséricorde, non moins que sa sagesse, sa toute-puissance et sa bonté. *Personne ne vit jamais Dieu ; le Fils unique qui est au sein du Père est celui qui nous l'a révélé* (1).

Dans ce livre divin tout nous sera expliqué : nous apprendrons que toute la création était sortie des mains de Dieu, empreinte seulement du sceau de sa bonté ; que rien de mauvais, rien de nuisible n'y avait trouvé place ; mais l'homme, le roi de cette création, ayant désobéi à son Dieu, corrompu sa nature première et attiré ainsi sur sa tête la malédiction que Dieu avait dénoncée au transgresseur de sa loi, cette funeste malédiction s'était aussi répandue sur tous les

(1) Jean, I, 18.

objets créés en vue de l'homme même, et était cause de tous ces désordres que nous ne saurions certainement expliquer, si nous n'admettons l'enseignement de la parole de Dieu sur cette grande question (1).

Or, quand on connaît Dieu par l'Evangile, on jouit bien mieux de ses œuvres que quand on ne le connaît que par la création. Un incrédule, quelque admirateur passionné de la nature que vous le supposiez, quelque sensibilité que vous lui accordiez, ne voit que les objets eux-mêmes; ou, s'il s'élève à l'idée de Dieu, comme beaucoup l'ont fait, ce n'est pour lui que le *Créateur*, l'*Etre suprême*, dont la grandeur et la puissance étonnent sans doute, mais il ne peut exister entre lui et ce Dieu la douce et étroite communication de l'amour, qui est l'heureux privilége du chrétien. Celui-ci ne voit pas seulement en Dieu l'Etre suprême et le Tout-Puissant, il y trouve surtout son *Père*. Le mur de séparation qui existait entre lui et la justice divine a été détruit par Jésus, qui est venu satisfaire à cette justice, et *qui a donné à tous ceux qui croient en lui le droit d'être faits enfants de Dieu* (2). Dès lors les relations sont pleines de douceur, et celui qui les soutient avec son Dieu jouit doublement de

(1) Gen. ch. I, ℣ 17, 18, 19. — Rom. VIII, 19-22.
(2) Jean, I, 12.

la nature qu'il ne sépare jamais de son Auteur. Il n'en jouit pas seulement par l'étonnement et l'admiration, mais surtout par l'amour. La bonté infinie du Dieu de l'Evangile se réfléchit pour lui dans les œuvres de la création, et rend sa jouissance bien plus délicate et bien plus vive qu'elle ne peut l'être pour le déiste.

Bien plus, nous ne craignons pas d'affirmer que la pensée de la bonté divine ne peut qu'être troublée pour le philosophe, à la vue de tous les maux qui pèsent sur l'univers. Certes, en présence du désastre de Lisbonne, l'un poussant des blasphèmes contre la bonté de Dieu, l'autre rétrécissant sa toute-puissance, ne pouvaient guères goûter pleinement les perfections du Créateur dans ses œuvres; un triste voile était en ce moment abaissé à leurs regards. Mais de tels événements, non plus que les autres anomalies de la nature, n'altèrent en rien chez le chrétien l'idée qu'il a de la bonté et des autres perfections divines. Tous ces maux, tous ces côtés sombres et affligeants du grand spectacle de la nature sont expliqués pour lui : il y voit, nous l'avons dit, la manifestation sérieuse d'un autre attribut de son Dieu, de sa justice, et il trouve à adorer et à glorifier Dieu dans l'exercice de cette justice, comme il l'adore et le glorifie dans la méditation de sa bonté et de sa miséricorde.

Enfin nous ferons remarquer que, dans la révélation, un grand nombre de comparaisons sont tirées des plantes ; car, entre les mains de Dieu, la nature semble ne pas pouvoir servir à un usage plus relevé que d'être l'emblème du monde moral et des rapports importants qui existent entre l'homme et son Dieu. La vue des plantes rappellera donc de suite au chrétien de grands enseignements qui donneront un charme de plus aux œuvres de la création. C'est ainsi qu'en voyant un cep, cette haute vérité se présente aussitôt à son esprit, qu'il ne peut produire de fruits qu'en se tenant attaché à son Sauveur aussi fortement qu'un sarment est uni au cep. C'est ainsi que l'herbe des champs qui brille un jour et qui le soir est fanée et séchée lui rappelle la brièveté de cette vie et le conduit à élever ses pensées vers le séjour de l'immortalité. En voyant jeter en terre le grain de froment qui doit ensuite devenir un riche et brillant épi, il se rappellera que son propre corps un jour sera aussi déposé dans le tombeau, d'où, par la miséricorde divine, il ressuscitera spirituel et glorieux. Un figuier lui retrace la condescendance du Sauveur, qui consentait à laisser encore sur pied le figuier stérile, pour voir si, avec de nouveaux soins, il ne porterait pas de fruits, et il lui apprend en même temps que, si on ne profite pas de ce temps de miséricorde, cette sentence sera enfin prononcée et exécutée : *Puisqu'il ne porte rien, qu'il soit coupé et jeté au feu* (1). La petite et inaperçue semence de la moutarde le fait souvenir des grands et beaux priviléges de la foi que le Seigneur exprime en disant que, *si on en avait gros comme un grain de moutarde, rien ne nous serait impossible* (1) ; et tant d'autres images que la parole de Dieu emprunte à la nature.

De toutes les considérations qui précèdent nous tirons cette conséquence : Que la nature ne soit pas le seul livre où nous allions chercher Dieu ; il est trop insuffisant. Mais de ce livre passons à l'Evangile, c'est là que nous apprendrons à connaître parfaitement Dieu par Jésus-Christ, et cette connaissance sera en rapport avec les besoins de notre âme et y satisfera pleinement. Heureux si la contemplation des œuvres de Dieu nous ramène à lui de cette manière ! L'étude sera alors rendue à son véritable but dont l'orgueil humain l'éloigne le plus souvent, et tout en faisant éprouver à l'homme des jouissances jusque-là inconnues, elle sera un moyen de plus de le rapprocher de son Créateur et de son Sauveur.

(1) Luc, XIII, 6, etc.
(1) Math. XVII, 20.

FIN.

Table des matières.

Table alphabétique

DES PLANTES

TRAITÉES DANS LA QUATRIÈME PARTIE.

FIN DE LA TABLE.

ERRATA.